這樣做寶寶輕鬆睡過夜

金智賢、金民正／著　陳靖婷／譯

作者序　寫給為寶寶睡眠而煩惱的你

懷孕是一段充滿幸福和喜悅的時光，正在閱讀本書的你，身邊可能已經有一個可愛的寶貝，或者即將迎接心愛孩子的誕生。母親是無可替代、寶貴且珍貴的角色，衷心祝福你也為你加油，你一定可以做得很好。

這本書集結了嬰幼兒睡眠訓練的基本概念，與想要陪伴正處於孕期或育兒階段的父母共同渡過難熬時光的心情。如果你正抱著寶寶閱讀這本書，我相信你想的是：「真希望我們家的寶寶能好好睡覺，也能好好吃飯。」我們也曾走過那樣的路，作為一位前輩媽媽，我們用「如果我當時有更多這方面的知識，或許就不會那麼辛苦」的心情寫下一字一句。希望這本書能幫助你更理解寶寶的睡眠與育兒方針，在親愛的孩子來到這世界開始，就有正確的概念作為最好的養育指南。

我們和多數人一樣，都只是普通的女性，與另一半相戀、走入婚姻，幸運地迎接寶寶降臨，經歷了辛苦的分娩，曾在職場上拚搏的我們，進入另一場名為育兒的艱苦奮鬥。關於照顧新生兒，我們都曾感到困惑，這段記憶相當深刻，隨時都能想起來。

在產後恢復室裡，提倡母乳的專家警告我，新生兒每次應該要喝10到20毫升的奶，喝太多可能會增加兒童肥胖和糖尿病的風險。身為新手爸媽，聽到這番話自然十分緊張，每次都相當謹慎地剛好餵寶寶20毫升的奶。只是不知道為什麼，寶寶回家沒兩天就開始一直哭，哭到喉嚨啞了還停不下來。

後來，在經驗豐富的護理師告知：「寶寶是因為喝太少，太餓才會整夜哭。」我才明白自己犯了什麼錯。看著護理師泡滿一瓶奶，寶寶喝完後呈現心滿意足的模樣，當時的我，內心非常愧疚，我從來不知道餵寶寶喝奶這件事這麼困難。更別提讓新生兒入睡，比餵飽嬰兒難上好幾倍。

為了哄寶寶入睡，我抱著他在彈力球上坐了兩個小時，在寶寶終於睡著後，輕輕地將他放到床上。每一次放下，接連而來的是孩子再次醒來哭泣，這個過程重複了一個半月。我的手腕受傷了，加上生產時扭傷，還沒完全康復就要照顧寶寶，我感覺越來越疲憊。面對不停的哭聲，我試過各種安撫方法，甚至每晚檢討自己，想知道問題到底出在哪裡。我一直很想擁有孩子，如今卻夜夜抱著他哭泣，我從來沒想過自己竟會成為這樣的媽媽。我把一切想得太簡單了，自以為一切會按照計劃順利進行，想起來真讓人羞愧。

白天的時段，我不知道怎麼讓寶寶小睡，即使看了很多YouTube影片和專業書籍，仍抓不到祕訣。嬰幼兒相關的YouTube影片建議，要在晚上7到8點讓孩子入睡，但我的孩子8點開始準備睡覺，大概到10點才會真正入睡。每天一到晚上8點，我的心跳就會開始加速，彷彿進入備戰狀態。後來經過深入研究，發現一個月大的嬰兒應該在晚上9到10點入睡，對此我真的非常抱歉，多麼無知的媽媽啊！從無法判斷正確性的訊息中，採用了不適合寶寶和自己的資訊，讓我們平白無故地承受每晚兩個小時的折磨。

儘管在懷孕前查了大量資料也看了很多書，我還是有一種強烈的感覺——在育兒路上，擁有正確知識非常重要。我渴望有人告訴我答案，為我指明方向，我需要有人告訴我——你是對的。我媽媽幫我做月子時，為了減輕我的負擔，在離開的前幾天，甚至願意和我同住一間房，幫忙照顧寶寶。雖然媽媽哄著哄著，孩子就安靜了，但我卻在過程中很不自在。

我被困在各種嬰幼兒的睡眠難題裡。舉例來說，為了寶寶的安全不應該趴睡。有幾天我被淹沒在「現在好累，就這樣讓他睡吧」的想法裡，內心覺得「應該沒問題吧？」，而且媽媽也說：「沒關係！你以前也是這樣睡。」但事實卻是，我媽每天半夜都爬起來檢查寶寶還有沒有呼吸。

「為了寶寶的安全，即使非常辛苦，即使有危險，我也必須去做」的想法，促使我開始進行睡眠訓練的工作，希望能幫助負責照顧新生兒的產房護理師，以及和我一樣需要幫助的媽媽和孩子。於是，我一邊照顧寶寶，連週末也不懈怠地努力學習，最終在美國取得兒童睡眠訓練的專業資格，並開設一家小型諮詢公司，幫助了許多新手爸媽。經過一番努力，我的公司成為韓國最知名的睡眠諮詢公司。目前，我們有13位具備睡眠訓練資格的專業人士，每年為約一千個家庭提供量身定制的兒童睡眠訓練計畫。

Sleepbetter Baby的睡眠訓練成功率高達96％，剩下的4％都是因為個人因素無法開始或中途放棄。如果，你對嬰幼兒睡眠訓練猶豫不決或者興致缺缺，我希望這本書能讓你感同身受、讓你獲得安慰，並且，更重要的是——為你提供正確的寶寶睡眠知識。

Sleepbetter Baby負責人

金智賢、金民正

目錄

第二章　建立「好眠心態」，不再為孩子睡不好而崩潰

第三章　創造「好眠環境」，讓寶寶安心學會自主入睡

第四章　建立「好眠作息」，陪孩子隨著月齡健康成長

第五章 解惑「好眠Q&A」，陪你走過育兒路上的焦慮

關於睡眠訓練的問題……252

其他的睡眠問題……257

第一章

認識「好眠練習」，給自己和孩子更好的選擇

用最溫和有效的方式，讓寶寶自然學會「睡好覺」

在基礎醫療體制尚未完善的十九世紀八〇年代初期，多數人們相信「孩子睏了就會睡覺」。然而，隨著許多專業人士意識到睡眠的重要性，以及睡眠品質對孩子的成長影響有多大，睡眠訓練也隨之興起。「睡眠訓練」聽起來好像很困難，但其實把它想成讓寶寶「練習睡好覺」就會單純得多。

你是否認為，睡眠訓練意味著任憑孩子哭天搶地，讓年幼的嬰孩獨自在房裡入睡？這只有心很硬的父母才能做到吧？雖然這與我們要談的「睡眠訓練法」不同，但事實上，過去的確存在這樣的派別。「哭泣睡眠法（Cry it out, CIO）」最早在1894年由美國知名兒科醫生路德・艾米特・霍爾特（Luther Emmett Holt）提出，這種方法是讓孩子獨自留在房間裡，父母直到早上才進去。這個意思就是，不論孩子哭多久都不要介入，一直等到孩子自行入睡。

而這樣的認知，也在推動睡眠訓練時造成了困境。雖然近年來，在西方頗為盛行的睡眠訓練文化逐漸傳入東方家庭，對家有嬰幼兒的父母來說算是熱門的話題。但上一代的長輩仍然多半認為：「有必要做什麼睡眠訓練嗎？為什麼要讓孩子一直哭？」老實說，在進行嬰幼兒睡眠諮詢時，來自爺爺奶奶、外公外婆和親戚們的反對，經常成為一大阻礙。類似的聲音不僅僅來自長輩，還來自媽媽們的社群。在這些社群裡，時不時會出現有關嬰幼兒睡眠困擾的討論，認為「睡眠訓練」實踐起來門檻頗高，有人贊成也有人反對。

不同媽媽對睡眠訓練的看法

「孩子時間到了就會自己睡過夜了吧。我家孩子在兩歲前都是我抱著他，讓他含著奶嘴睡，本來就不會睡到天亮。讓寶寶三個月就開始用費伯法（編按：一種漸進式訓練嬰兒自行入睡的方法）訓練，會不會有點太早？」

「我從孩子兩個月大，就開始讓他躺著哄睡、練習噓拍法（編按：哄寶寶反覆發出『噓』或『啊』的聲音），三個月左右孩子就能安穩睡整夜了。」

「每個孩子適合的睡眠訓練不同，我曾經非常挫敗，一定要讓孩子哭嗎？」

但事實上，在這些交流群組中，非專業人士的經驗分享，很容易被誤會成專家的建議，並不一定正確或是適合每個家庭。舉例來說，讓我最驚訝的是，很多父母在孩子未滿三個月就用「百歲法訓練（編按：放任嬰兒哭泣不予理會，嬰兒適應後就不會再哭泣）」。我甚至在Instagram上看到一則貼文寫著：「用百歲法訓練出生58天的寶寶，他哭了一小時！」

採用百歲法訓練嬰幼兒入睡，這件事本身並沒有問題。但是，專業的睡眠專家不建議在未滿三個月的孩子身上使用百歲法，因為這個時期的自我調節能力尚未發展完全。考量到孩子的年齡、特性、性格、是否有分離焦慮以及父母能否忍受孩子哭鬧，睡眠專家會透過反覆諮詢，給予最適當的睡眠建議。

若家長們僅按照媽媽的建議，選擇噓拍法、抱放法或百歲法等睡眠訓練的方式，勢必會經歷很多挫折，一旦失敗了，難免出現「我的孩子做不到」的想法，讓育兒的信心受到不小打擊。前輩媽媽們還會這樣告訴你：「我到孩子兩歲才熬過來，你的孩子在凌晨醒來很正常，再忍耐兩年吧！」這樣的建議，對於正在與睡過夜奮戰的父母親來說，完全無濟於事。

當然，你可以在腦海中這樣想：「兩年而已，牙一咬撐過去就好了。」但是，隨著投入育兒戰場的時間拉長，每一天都會更加疲憊不安。你盯著自己的孩子，感受到自己的體力逼近極限。你一點也不喜歡自己的生活，伴侶的一舉一動都顯得礙眼，甚至可能出現產後憂鬱的症狀。我就是這樣的過來人。

有人說，睡眠訓練是孩子出生後所接受的第一個教育。既然如此，我相信比起隔壁三姑六婆或姊妹們的七嘴八舌，向擁有專業認證的睡眠專家請教，用安全、理性、耐心的方式引導孩子入睡更為實在。

睡眠訓練的目的，是培養孩子能夠自行入睡，並且養成正確、健康的睡眠習慣。我們認為，每個人都需要一定程度的睡眠訓練。這裡指的嬰幼兒睡眠訓練，並非毫無來由任憑孩子哭泣，或者讓孩子與父母分房睡覺。

睡眠訓練的作用，是為孩子打造安全、且能舒適入睡的睡眠環境，幫助父母正確辨識孩子疲憊時的訊號、建立睡前儀式，並規劃吃飯、遊戲和睡覺的日常安排，用溫和的方式，為孩子培養「自主獨立入睡」的能力。

對成年人來說，從維持舒適的房間溫度、照明，再到睡前的沐浴衛生，每個

睡眠訓練的核心

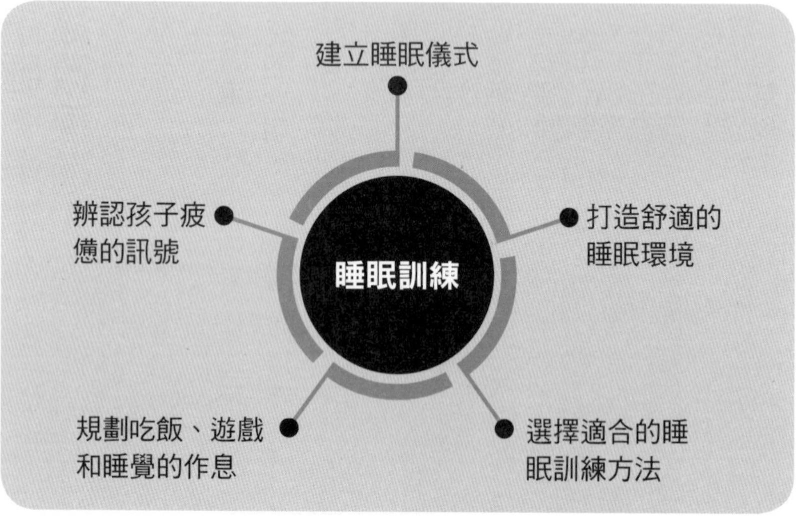

人都有自己習慣的一套睡眠儀式與睡眠環境。我們的孩子也是一樣的，「睡眠」在成長的過程中與健康直接相關，可說是人生中最重要的一部分，做好睡眠訓練，也是為孩子培養出正確、健康的生活習慣。

隨著時代改變，現在的父母能夠獲得比過往更多的嬰幼兒睡眠知識。舉例來說，在上一代的觀念裡，為了維持寶寶的頭型圓潤，很多家長會讓孩子趴睡。但到了現代，經過許多研究證實了嬰兒趴睡可能造成的危險性，幾乎已經沒有人提倡趴睡了，安全、安心的睡眠習慣更是第一考量。

哄不睡？半夜一直醒？輕鬆改善孩子的各種「睡不好」

曾經有一位A媽媽詢問：「如果寶寶躺在我旁邊，自己翻一翻就睡了。白天小睡超過一個小時，晚上也很快睡著，可以一口氣睡足十個小時。生活作息穩定，照顧起來也沒什麼壓力，還需要睡眠訓練嗎？」根據這段描述，可以得知這位媽媽的孩子是「性情溫和、睡眠充足」的天使寶寶，既不帶給媽媽壓力，也能自己睡得很好，完全是理想中的育兒。

像這種情況，我會這樣回答：「如果寶寶白天小睡的時間延長得很順利，晚上也能安穩睡超過十個小時，沒有太多困擾的話就不一定要訓練。不過，睡眠訓練是為了培養『自主入睡的習慣』，所以如果媽媽想要改善的是寶寶翻來覆去、需要隨時守在旁邊的情況，也可以透過睡眠訓練來調整。」

並不是每個孩子都需要建立「自主入睡的習慣」，這位A媽媽完全可以自己決定要不要幫孩子做睡眠訓練。媽媽抱著寶寶躺在床上，任由寶寶翻來翻去，即使醒著也不哭鬧，睡眠時間順利漸漸變長，多麼美好的光景啊！

寶寶沒有睡眠問題，睡眠時間看來也足夠，照顧者沒有太大的壓力。如此理想的情況下，假使家長諮詢「還需要睡眠訓練嗎？」通常我也會回答：「當然可以，但其實並沒有必要。」

另外一位B媽媽就不一樣了。「如果讓寶寶躺在我旁邊，平均哄他30分鐘左右就會睡著。接著，我會悄悄離開房間，不讓寶寶看見我。但是寶寶沒辦法連續睡超過30分鐘，所以我總是在等待他下一次醒來。寶寶背對著我入睡，看起來很像成功了，卻還是經常在半夜醒來。到現在已經七個月了，從未睡過夜。」

B媽媽碰到的問題是寶寶經常在半夜醒來，從來沒有睡過夜，白天也只能睡30分鐘。這是很典型的睡眠困擾，急需睡眠訓練的幫助。

明明是用同樣方法哄睡，A媽媽的寶寶能安然入睡，B媽媽的寶寶卻沒有辦法。難道是哄睡的方法不正確？還是作息安排的問題？

答案是：「每個孩子都是獨一無二的。」有些孩子天性溫和，自然就能獲得充足睡眠，不太需要訓練；但也有孩子對外界刺激較敏感，照顧起來需要更多技巧，睡眠上也可能遇到更多挑戰。

由於孩子的特性不同，照顧者的需求也不盡相同，因此每個家庭對「睡眠訓練的目標」也會有不同的期待。

睡眠訓練要考慮很多因素。舉例來說，當孩子入睡需要時間過長，或者半夜頻繁驚醒或早醒，導致睡得很少、睡眠品質下降，影響孩子的精神狀態；又或者是照顧者因長期睡眠中斷而感到壓力山大。這些情況，都可能是需要睡眠訓練的訊號。

前面提到的五大重點（打造舒適的睡眠環境／辨認疲憊訊號／建立睡眠儀式／規律的吃玩睡作息／選擇適合的訓練方式），對孩子的睡眠都有幫助。也有不少父母會問：「到底什麼時候開始訓練最好？」

「我們的孩子快滿六個月了，但聽說六個月前才是黃金期，現在會不會太晚？」

「孩子已經一歲，懂得越來越多，還能訓練嗎？」

這些擔憂很常見。有的專家說，分離焦慮出現前的六個月是訓練的理想時機；也有人主張三個月前或四個月後最合適。其實，從睡眠諮商師的角度來看，這些說法都各有道理。

但最關鍵的，其實是：「當父母真正有意願並覺得有需要時」，就是最好的訓練時機。即使專家提出的時間點在理論上是最佳時機，但如果照顧者還沒準備好、不覺得有需要，就不容易成功；反之，如果家庭已經準備好，也感受到迫切的需要，任何時間都最好的開始。

我曾遇過一位媽媽，她的孩子名叫佳恩。佳恩媽媽常常自問：「我該幫孩子進行睡眠訓練嗎？還是已經太晚了？」她一度期待孩子的睡眠情況會自然好轉，但直到孩子滿十個月，仍然毫無改善。在這十個月裡，因為爸爸無法安撫孩子入睡，她總是匆忙吃飯、洗澡、哄睡，每晚要應付三到四次夜醒哭泣。最後，她選擇讓孩子與自己同床，只盼望有一晚能連續睡滿兩個小時。

經過睡眠訓練後，第一次讓孩子成功自行入睡的那天，佳恩媽媽感動地說：「我終於可以好好洗個澡了！」如今佳恩已經二十一個月，依然維持著良好的睡眠習慣，幾乎每晚都睡得很香甜。

雖然從旁人眼中看來，十個月才開始訓練似乎有些晚，但實際上，從六週到五歲都是可以進行睡眠訓練的時期，甚至再大一點也可以。

根據精神科教授、兒科睡眠中心協會會長喬迪・明德爾（Jodi Mindell）在《睡過夜》（Sleeping Through the Night，暫譯）一書中所提到：「84％有睡眠障礙的孩子，在三年後仍有相同的困擾，而且問題行為也會相繼出現。」這表示，沒有處理的睡眠問題，很可能演變為日後的發展困難。

要注意的是，睡眠訓練一定會伴隨寶寶的哭聲。我們並不鼓勵輕率地嘗試，因為若只是「試一天看看，哭太慘就算了」的態度，可能會讓孩子與家長都感到挫敗。反覆失敗不僅影響父母的信心，也讓寶寶更困惑。

如果沒有堅定的決心與一致的態度，睡眠訓練很難有好的成效。等到下一次想要嘗試時，往往會因為「但我之前失敗過了」的想法而更遲疑，更害怕挑戰。這樣一來，也會連帶影響整體的育兒信心。所以，請在「準備好並充滿信心」的狀態下，再開始進行睡眠訓練。因為育兒的關鍵，就是「一致性」。

不少爸媽也會問：「哺乳中的寶寶能訓練嗎？」

「我的寶寶九個月大，從出生到現在，他從沒睡過夜。因為親餵母乳的關係，每晚要起來餵奶十到二十次，我真的太累了。這樣的孩子也能訓練嗎？」

漫長的九個月以來，每晚醒來十幾二十次、每次都還要哺乳……這樣的情況雖然常見，但對一位單獨照顧孩子的母親來說，可想而知有多辛苦。那麼，這樣的寶寶可以訓練嗎？

只要寶寶身體健康、哺乳狀況正常，當然可以考慮睡眠訓練。若寶寶到九個月還沒有辦法睡過夜，媽媽已經出現明顯的慢性疲勞，生活品質將會大受影響。而且夜間奶量過多，也可能導致寶寶白天的食慾下降，變成吃和睡都有困難，進一步影響成長與發展。

接受睡眠訓練後，這位寶寶在訓練後的第七天，夜奶次數從二十次減少到四次；一個月後，半夜的哺乳次數變成零，成功戒斷夜奶。媽媽很感激地告訴我，她很久沒有好好睡覺了。直到今日，我仍然記得她的故事。

也有一些爸媽是在多次自行訓練失敗後，才前來尋求協助的。

「我的孩子七個月大，我之前嘗試過訓練，但效果不理想。現在想再試一次，會不會有副作用？以前訓練時，他晚上八點睡，凌晨三點醒來，我想改變這樣的狀況，卻被說要求太高。我只是希望他能睡得好，這樣真的太過分了嗎？」

實際上，許多爸媽都曾經在嘗試睡眠訓練的過程中，被長輩、先生或朋友的各種反對和意見影響，被批評成「自私的父母」，最終放棄了無數次。如果寶寶哭得太慘，照顧者也會心軟，導致訓練被迫中斷。

但請記得：嬰幼兒平均一晚可以睡滿十小時。至於晚上是否要餵奶，應該依照孩子的體重、發展與生長速度決定。當孩子學會「自己」入睡，他們還可以在半夜「自己」延長睡眠。因此，每個孩子都能接受睡眠訓練，也都能找到最適合被喚醒的方式。

因此，我們特地為前來接受睡眠諮詢的父母，建立了可以互相交流的「畢業生社群」。在這裡，沒有人會責怪你，彼此心意相通地互助。對於已經進行過睡眠訓練的父母來說，這樣的交流很重要。在這裡，沒有人會說誰做不夠、誰做不好。

育兒的每一條路，都是根據自己的價值觀在選擇。能和志同道合的人互相學習、彼此理解，就是育兒旅程中最重要的力量。我們在育兒方面的價值觀，能夠得到許多媽媽的認同，這不正意味著我們的孩子與媽媽們都幸福地生活嗎？

我也整理了一份清單，列出許多父母常見的疑問，讓大家能檢視自身的情況。如果你在「需要進行睡眠訓練」清單中，發現一項以上符合，那麼我會建議可以開始考慮訓練。如果孩子的睡眠已帶給你壓力，我更是強烈建議展開訓練。請記得，不論做出什麼選擇，你始終是孩子最好的父母，這個事實永遠不會改變。

許多兒科醫師認為，睡眠訓練對孩子非常重要，因為「睡眠」是一種需要學習的技能（learned skill）。正因為需要學習，父母才更應該幫助孩子練習，讓他們擁有良好的睡眠品質。

只不過，學習任何技能都需要時間。如果孩子能馬上學會自己入睡固然很好，但現實情況並不總是如此。睡眠訓練就像第一次學騎腳踏車，孩子可能會跌倒、受傷，甚至哭泣。第一天做不到、一週後還是沒成功，也可能因此想放棄。但只要持續練習就會進步。睡眠訓練也是，只要相信孩子、堅持不放棄，終究會成功。

請不要期待孩子在一、兩天內就能立刻學會好好睡覺，即便是大人，要改變已經養成的習慣也不容易，更別說一天內完成。習慣是在反覆進行的過程中，自然形成的行為模式。建立健康的睡眠習慣，至少需要四到六週，尤其是採取介入程度較高的溫和訓練法時，需要的時間可能更長。

如果你正在考慮要不要做睡眠訓練，請先確認是否有以下情形：

出現以下狀況，代表需要進行睡眠訓練

- □ 對於哄睡孩子感到吃力，不知道怎麼做更好。
- □ 孩子很難入睡，並且經常感到不舒服和哭鬧。
- □ 無法延長白天的小睡時間，孩子的狀態不好。
- □ 孩子在吃飯時，會無法控制的邊吃邊打瞌睡。
- □ 父母睡眠不足，白天育兒時難以集中注意力。
- □ 孩子無法集中注意力玩樂，經常會感到疲憊。

符合以下狀況，孩子無須接受睡眠訓練

- □ 哄睡孩子的過程相當愉快。即使孩子沒有睡著，父母也不會因此生氣。
- □ 對於哄孩子入睡這件事不會產生太大的壓力，喜歡和孩子一起入睡。
- □ 雖然孩子不能自主入睡，但夜晚沒有太大的睡眠問題，睡得也很好。
- □ 育兒時父母能夠保持完全的專注，並且給予孩子高品質教養。
- □ 即使孩子不想入睡或入睡需要花很長時間，也不會因此對孩子生氣。

開始「睡眠訓練」前，爸媽要先知道的基本觀念

不用擔心睡眠訓練會影響親子關係

很多人擔心，睡眠訓練會影響孩子與父母之間的關係，進而出現依附方面的問題。擔心如果不立刻回應哭泣中的孩子，孩子會因此不信任自己、感到受傷或痛苦，這種擔憂經常是睡眠訓練失敗的主因。

那麼，什麼是「依附」？我們可以簡單解釋為父母與孩子之間的「信任」。情侶間透過持續的互動、對話、眼神交流等，能夠建立起彼此的信任。

孩子也是如此。信任不是在短時間內建立的，而是在面對外在環境時，當他感到飢餓、尿布濕了，發出不適的訊號時，能夠獲得相對的回應；又或者當孩子持續接收父母溫暖的言語與非語言的肌膚接觸時，也會建立起親密的情感連結。諸多積累信任的過程與結果，我們可以稱為「依附」。

依附形成的三個要素

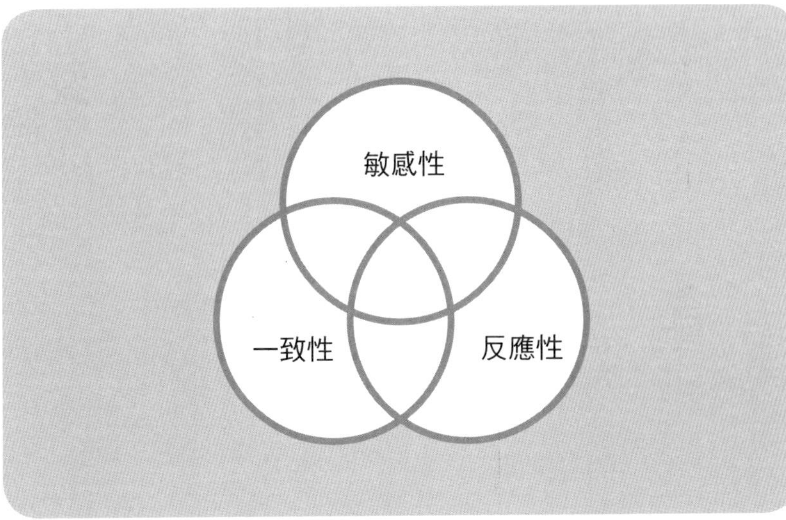

資料來源：女性家族部

要和剛出生的孩子之間建立起信任關係，首先，請先了解三個關鍵。

敏感性，指的是當孩子因尿布不舒服而哭泣時，父母能意識到「孩子哭是因為尿布濕了」。能敏銳掌握孩子的需求。

反應性，指的是適當回應孩子給出的訊號。例如肌膚接觸、眼神交流等互動。

一致性，指的是當孩子發送相同的訊號時，父母表現出一致的態度。但如果父母受自己的情緒左右，任意改變對孩子的態度，例如心情好時對孩子微笑、心情不好時忽視孩子，這樣就缺乏一致性。這種情況下，孩子可能會很困惑。

我認為，兩個人之間的「依附」關係就像談戀愛。談戀愛時，如果對話是單向而非雙向進行，兩個人很難繼續交流。然而，依附關係也不太會因為一、兩次的事件就崩潰。當不平衡的關係持續比較長的時間，雙方的信任才會跟著降低。

對孩子來說也一樣。不一致的育兒態度、缺乏敏感性、未適當回應孩子的需求，這些都可能影響孩子的依附關係與信任。

根據韓國女性家族部的資料，依附理論主要分為三種類型：迴避型依附、抗拒型依附和安全型依附。

大約20％的孩子是**迴避型依附**，在父母從他們的視線消失時，從外表看不出來有太大的反應，但是，這些孩子實際上可能正感受很大的壓力。這可能源於父母未能持續滿足需求，或者育兒方式缺乏敏感性（對孩子的需要不敏銳）而導致。

孩子們在面對難以預測的情況時會感到不安，當父母展現出不一致的態度，約10～15％的孩子會有**抗拒型依附**的情況。舉例來說，同一個情境下，父母開心時抱以微笑，不開心就大發雷霆，孩子往後發展成抗拒型依附的可能性會更高。

依附理論三種類型

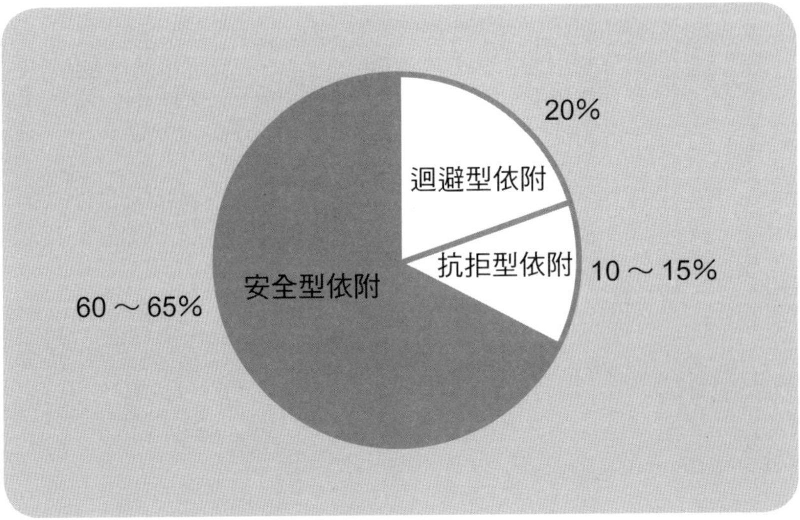

資料來源：女性家族部

當父母與孩子之間有非常良好的信任關係，能適當回應孩子的需求，也能對孩子的要求保持一致的態度，自然就能形成**安全型依附**。約有60％的孩子屬於安全型依附，雖然父母離開時會表現出焦慮，但隨著父母回到身邊，孩子的焦慮通常能夠減輕。

毫無疑問，我們追求的是安全型依附關係。為了成功建立此依附關係，不論孩子處在什麼狀態，父母應敏銳察覺孩子的需求，做出適當的回應，並保持一致的態度。這是與孩子建立信任關係的重要基礎。

睡眠訓練也是同樣的道理。父母在為孩子進行睡眠訓練時，應營造讓孩子感到舒服的睡眠環境，在孩子疲憊時讓他們休息，透過固定的睡眠儀式建立一致性，給孩子自主入睡的機會。

睡眠訓練的過程，父母藉由固定的睡眠儀式和類似活動，給孩子穩定的感受。如果孩子哭了，父母可以在旁邊稍微等待一下，過幾秒鐘或幾分鐘後再安慰孩子，並告訴他：「你可能覺得自己睡很困難，但我會在你身邊，爸爸／媽媽支持你。」敏感察覺孩子的狀態，並解決他們的問題，這是為人父母的重要課題。

就像孩子學騎腳踏車一樣。孩子在保護者的視線範圍內騎車，就算他們摔倒、受傷了，與父母之間建立多年的依附關係，也不會在一夕之間崩塌。

接下來，我想介紹一些研究結果，這些研究結果紛紛顯示：**睡眠訓練與親子之間的依附關係沒有關聯**。

英國華威大學（University of Warwick）在二〇二〇年針對178名嬰兒與父母進行十八個月的追蹤觀察。第一組使用「哭泣睡眠法（Cry it out）」，即嬰兒哭鬧時，在確保安全的情況下數小時不介入，直到寶寶自行入睡；第二組則是在嬰兒哭鬧時立刻給予回應。

研究結果顯示，兩組研究對象的親子依附關係並無不同，而第一組孩子比第二組孩子哭泣的頻率與時間明顯更短，這說明：孩子會逐漸學會掌控情緒。

另一個類似的研究刊載在《美國家庭醫生》（*American Family Physician*）的期刊上，該研究針對43名嬰兒進行研究，共分成三組。第一組採用「逐漸減少回應哭泣次數」的睡眠訓練方法，第二組是「逐漸推遲嬰兒入睡時間」的調整方法，第三組僅提供睡眠方面的理論知識。

在三組結果中，前兩組嬰兒的入睡所需時間和夜晚醒來的頻率都比第三組少，訓練一個月後，母親和嬰兒的皮質醇濃度（壓力荷爾蒙）甚至比被訓練前更低。除此之外，在依附關係方面，三組之間並無差異。換句話說，不論使用哪一種睡眠訓練方法，都不會傷害嬰兒和母親的依附關係。

需要注意的是，在進行睡眠訓練時，父母要敏銳地安撫哭泣中的孩子並好好地回應他們，也要記得保持一致的態度，盡量不要讓孩子感到困惑。睡眠訓練本身並不會影響依附關係，但父母的育兒方式與態度，卻對親子之間的依附關係影響深遠。

我建議，父母可以等到與孩子建立起足夠穩定的依附關係時，再進行睡眠訓練。如此一來，孩子能夠信任父母並安穩地入睡。若孩子的依附關係不穩定，睡眠訓練的難度就會更高。

請記住，**睡眠訓練不是把孩子留在床上任憑他哭，而是讓寶寶認識自己、學習溝通方法的美好過程。**

許多父母分享，睡眠訓練其實不是在「訓練孩子」，而是「訓練父母」。透過睡眠訓練，父母能夠更深入了解自己的孩子，新手父母的功力也會瞬間大增。

每個孩子的需求都不一樣

深受孩子睡眠困擾所苦的父母，大多數都嘗試過睡眠訓練，並且也失敗了很多次。我們在進行睡眠訓練前，通常會先詳細了解孩子的氣質（temperament，指一個人與生俱來對內外在刺激反應的程度或行為模式）、性格與分離焦慮的狀況。

父母的第一句話經常是：「我們的孩子真的很難照顧，而且很敏感，這樣有辦法做睡眠訓練嗎？」但各位請想想看，任何一個缺乏睡眠的成年人，都可能變得易怒和敏感，更何況是很難長時間活動、必須適時小睡的孩子。如果孩子缺乏足夠的睡眠，該有多麼辛苦呢？

那麼，真的有天生不太需要睡覺、無法進行睡眠訓練的孩子嗎？

關於寶寶與生俱來的「氣質」，我想特別做一些說明。心理學家將寶寶的氣質大致分成三類：**溫和的氣質**（又稱「容易照顧型」，Easy Child）、**挑剔的氣質**（又稱「難以照顧型」，**Difficult Child**）、**緩慢的氣質**（又稱「慢熱型」，**Slow-to-warm-up Child**）。多數寶寶屬於這三類，當然也有例外。

儘管有基本的氣質類型，但每個人都是獨特的，就如同我和他人是不同的存在一樣，我的孩子也必然與其他孩子不同。

氣質，是與生俱來的性格特色，我們沒辦法改變自己先天的氣質。原有的氣質加上生活的經驗，會形成自己獨特的性格。部分性格可以透過努力來改變，而氣質正是形成性格的根本。

三種氣質類型的寶寶

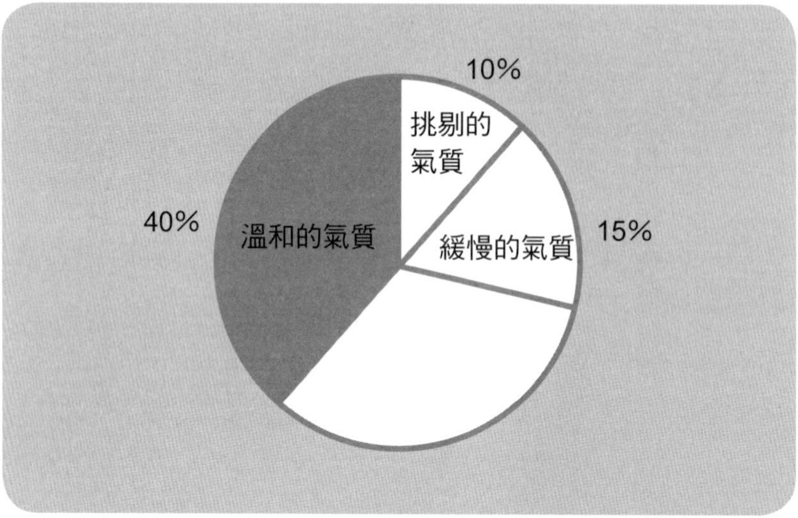

資料來源：女性家族部

從上圖中的數據可以知道，擁有溫和氣質、容易相處的孩子佔了40%。多數孩子性格溫和，並非是面對外界刺激很敏感的類型。但如果孩子缺乏睡眠、無法獲得高品質的休息，即使是性格溫和的孩子，日常生活也可能大受影響。成年人若缺乏睡眠，工作效率可能會下降，情緒和身體狀態也會連帶受影響。

我來簡單解釋不同性格的孩子，在睡眠訓練中所表現出的差異性。

現在，有三個孩子正在進行睡眠訓練，分別是性格溫和的孩子A、性格較為挑剔的孩子B、慢熟性格的孩子C。

性格溫和的孩子，可以輕鬆適應新環境；性格較挑剔的孩子，適應新環境時有比較大的阻力；慢步調的孩子，適應新環境可能需要更長的時間。

好照顧的孩子A在進行睡眠訓練時，通常不太哭泣，成功率也較高。

性格難應付的孩子B會傾向抗拒入睡，持續向父母表達抗議，表現出頑固的一面，或者拒絕父母的幫助。舉例來說，如果父母擁抱他們，他們可能會哭得更大聲，或者在睡前對光線、噪音或父母的情緒變化更為敏感，導致難以入眠。

碰到這種狀況，我們需要找出孩子特別在意的地方。有些孩子對噪音敏感，有些對光線特別有反應，或者很容易察覺到溫度的變化。如果我們能夠了解孩子敏感的地方，並且加以改善，將有助於睡眠，也能幫助我們更深入理解孩子。

慢熟的孩子C，在睡眠訓練時經常失敗。這類型的孩子很難接受新變化，非常堅持原有的入睡習慣。甚至，有些孩子即便經過數週的訓練，改變仍非常緩慢，這種情況比較罕見，但遇到時，可以慢慢讓孩子躺下來再哄睡，效果可能會比較顯著。

孩子A和B在十個月大時，開始進行睡眠訓練。孩子A接受5天的睡眠訓練就成功了，一週就結束諮詢；孩子B則在整整一個月內，每次白天小睡都要花上一個小時才能入睡。

諮詢開始時，我與孩子B的父母進行了深度談話。他們表示曾做過睡眠諮詢，但失敗了，他們也嘗試無數次睡眠訓練，但在辛苦兩週後仍毫無進展。而在諮詢過後，我告訴他們，對於接受新的事物或習慣，他們的孩子可能需要比別人更多的時間，他們也同意這樣的說法。

最後，孩子B順利在一週內學會自己入睡，並且完全睡過夜，但在白天時段自主小睡，則花了長達兩個月的時間才做到，超過30分鐘以上的小睡，三個月後才成功。

要了解一個還不會說話的寶寶屬於哪種氣質類型非常困難，對於初為父母的人來說更是如此。一般來說，孩子可以在三歲後進行特質檢測。而有睡眠問題的嬰幼兒，其父母通常會斷定自己的孩子就是天生敏感。因此，我建議讀者們在找出孩子的氣質類型與決定睡眠訓練方法之前，先挑選一種方法嘗試，再根據孩子的反應作調整。

睡眠訓練的方式，取決於孩子能多快適應訓練過程，以及發生了哪些變化。

舉例來說，有些孩子在父母介入時，不但不會停止哭泣，還會哭得更厲害；有些孩子則是即便父母不介入，也能很快地平靜下來、不再哭泣。在這種情況下，就可以把方法調整為介入程度最低的訓練模式。

另外，有些孩子可能有嚴重的分離焦慮。遇到這種狀況，我們會先檢測分離焦慮的程度，並在訓練開始前，改成盡量有父母參與的睡眠訓練方法。

若想單純用三種基本氣質來替孩子分類，這其實是有困難的。每種特質都可以再細分成不同類型，有些特質早在出生時就已經形成，也有些加上環境因素的影響，最終形成獨特的性格。

「這孩子天生敏感，可能比其他孩子更困難……這樣有辦法睡眠訓練嗎？」

就算是很快達成目標的孩子，也不代表睡眠訓練已經成功。只要家長有改善孩子睡眠問題的意願，就有成功的可能。許多家長擔心自己的孩子成為第一個失敗的案例；但事實是，這些孩子最終也都成為睡眠習慣良好的好眠寶寶。

進行專業睡眠輔導時，我們會更深入了解孩子敏感的地方與原因，並降低其他可能的影響因素。

「原來，我們家的孩子對光很敏感！」

「我們家孩子已經可以睡飽飽了！原來之前不是不睡，而是不會自己入睡，所以才累積比較多的睡眠需求。」

「原來我們家孩子是透過哭鬧來表達睏意啊！直到睡著之前，都會持續撒嬌或顯得煩躁，情緒非常多呢。」

作為一位專業人士，我會幫助大家了解孩子的需求，但也請家長把自己視作孩子的專家，好好了解孩子並進行檢測，這也是睡眠訓練的一部分。

依照寶寶月齡調整練習方式

針對不同月齡的孩子，有各自適合的睡眠訓練方法。睡眠訓練有許多技巧，三種廣為人知的方法，包括：噓拍法（溫和輕拍撫慰）、抱放法（抱著後放下撫慰）和百歲法（孩子哭就等待，讓干預降到最低）。

噓拍法適用於零到六個月的嬰兒。但對於六個月以上的嬰兒，這種訓練方法也有適度的效果。

抱放法適用於三個月以上、八個月以下的嬰兒。建議先嘗試噓拍法，再轉換到抱放法。抱放法建議在三到六個月之間使用，如果孩子在八個月前不容易受到刺激，也可以使用。這是一種較耗費體力的睡眠訓練方法。

百歲法適用於五到六個月以上的孩子，建議至少要三個月以上，因為這個方法需要孩子已經具備自己控制哭泣的能力，才能看見成效。

在只考量孩子月齡的情況下，睡眠訓練的方法已經大致定型。然而，除了這些方法外，還有許多其他的睡眠訓練方法，例如：坐椅子法、短暫檢查法、讓孩子哭泣法、漸進消失法等等。這些訓練方式，可以根據哭泣的強度再進行細分。

然而，睡眠訓練方法不僅要考量孩子的月齡，還要顧及孩子的個性、傾向、父母的想法，以及父母能夠忍受孩子哭泣的程度等，這些都要全盤納入考量。

良好的睡眠可以培養出「天使寶寶」

僅藉由睡眠訓練並不一定能讓孩子變得更獨立或更具有自我控制力。但隨著睡眠的品質和時間增加，除了安穩的睡眠孩子也會得到其他很多好處。

我將介紹在《早期人類發展》（*Early Human Development*）期刊上的一項研究，該研究探討了嬰兒在出生後一年內的睡眠模式，與個性和成長發展之間的相關性。這份研究針對三個月、六到十一個月和十二個月這三個年齡分組進行研究。結果發現，當三組孩子的夜晚睡眠時間增加，他們的自我控制力也隨之提高。

此外，十一個月大嬰兒的睡眠時間增加時，生理時鐘的週期跟著改善，適應性和靈活性也增強。十二個月大嬰兒的白天睡眠時間減少，則與情緒和情感調節能力有關。我們可以根據這些結果推斷，規律的睡眠模式與長時間的睡眠，與孩子展現出高度社會性行為及溫和性格有關。

根據研究結果顯示，兒童的睡眠狀態會影響適應性、靈活性、情感調節與親近人的程度。因此，透過睡眠訓練提高睡眠品質，對兒童的情緒調節和性格養成有幫助。只不過，社會環境、父母的性格與育兒態度，也有明顯影響。因此，睡眠僅是影響社交發展或情緒調節的一部分因素。

睡眠訓練本來就「不會一次成功」

睡眠訓練是培養良好睡眠「習慣」的過程，就像教孩子騎腳踏車，一次就學會是最好的嗎？中途放棄的人還有機會成功嗎？

睡眠訓練能一次成功，這當然最理想。然而隨著孩子長大，可能因為父母缺乏一致性，或者出於各種情況，沒辦法第一次就成功。

儘管如此，只要願意再次鼓起勇氣，堅持進行一致的睡眠訓練，最終一定能成功。一次慘痛的失敗經歷，可能會增加父母的焦慮、擔憂與壓力，但只要父母和孩子共同克服這個過程，一定可以在這條道路上取得勝利。

在從事睡眠諮詢公司的過程中，我遇到很多嘗過多次失敗的父母，最後大家都成功畢業了。因此請不要擔心，即使孩子曾經失敗過，也絕對可以進行睡眠訓練。

晚上八點是嬰幼兒的「黃金入睡期」

不同月齡的嬰兒需求不同，然而一般來說，三個月之後，晚上7到8點是最適合入睡的時間，原因就是：睡眠荷爾蒙「褪黑激素」。褪黑激素會在晚上7到8點左右開始大量分泌，如果錯過這個時間段，我們的身體就會開始進行「恆常性作用」（試圖保持體內平衡的調節功能）。

我們的身體會想說：「咦？明明是該睡覺的時間，為什麼不睡？現在不是睡覺的時間嗎？那麼我就降低褪黑激素，讓你保持清醒！」然後便開始分泌與褪黑激素相反功能的「皮質醇」。

所以，晚上7到8點是最符合睡眠節奏的時間，也是寶寶能獲得最長睡眠時間的黃金時段。原因是，嬰兒無論多晚入睡，早上通常都會在差不多的時間醒來。舉例來說，一個平時晚上7點入睡、早上6點起床的寶寶，如果由於外出，睡覺時間被延後到9點，還是會在早上6到7點左右醒來。因此，保有充足且長時間的夜晚睡眠，確實會影響嬰兒的生長發育，原因是嬰兒會在睡眠時分泌生長激素（growth release hormone）。

不過，即使孩子比較晚睡，只要睡眠時間夠充裕，並與兒科醫生討論後無大礙，持續這樣的模式也不會有問題。

即使是母乳寶寶也能進行睡眠訓練

這是很常見的問題。

《睡過夜》（*Sleeping through the night*，暫譯）作者喬迪・明德爾（Jodi Mindell）指出，由於喝母奶的嬰兒容易養成「奶睡（含著奶入睡）」的習慣，所以戒掉夜奶的年紀，往往比喝配方奶的嬰兒來得晚。書中一項研究指出，喝母奶的嬰兒有52％會在深夜醒來，相較喝配方奶的嬰兒，只有20％有這種情況。

餵母奶的媽媽們，有時很難估計嬰兒一天喝了多少，並且因為母乳的消化速度比奶粉快，當嬰兒哭鬧時，母親不免出於「肚子餓」的擔心而繼續哺乳。在清晨醒來、翻來覆去、不能入睡或哭鬧的情況下，有時會想到「孩子或許是肚子餓了」，再餵奶使其入睡。只不過，嬰兒哭泣不總是代表「肚子餓」。所以，後來就變成這樣的情況：寶寶在疲倦、飢餓或無聊時，都會慣性吸奶，媽媽儼然成為人類安撫奶嘴。

事實上，我們比較過喝母奶與喝配方奶的孩子，結果顯示，在沒有培養睡眠相關習慣的情況下，兩者在睡過夜方面並無太大差異。

只要不讓寶寶養成奶睡的習慣，即使是全母乳（完全母乳餵養）的寶寶，也能成功實現睡過夜。但每個嬰兒能睡過夜的時期，卻非常不同，喝配方奶的嬰兒也是如此。只要孩子有吃飽、沒有含著奶入睡的習慣，在他自己「準備好」的時候，就能開始睡過夜。

詳細狀況可能因媽媽的母乳量、品質和乳汁狀態而有所不同。建議諮詢專業的母乳哺育專家，確認何時應該停止夜間餵奶，及應該餵多長時間最合適。

練習初期的哭泣是必經過程

老實說，要進行睡眠訓練，孩子的哭聲是無可避免的。為什麼孩子會哭呢？最大的原因是「變化」。基本上，孩子們不太喜歡難以預測的情境，他們更傾向熟悉的例行行程。因此，我們必須建立睡眠儀式。透過睡眠儀式來建立父母與孩子之間的訊號，讓孩子知道：「現在該睡覺了。」

假設孩子習慣被抱著入睡，當孩子疲倦時，自然會期待被擁抱。因為他從未經歷過「自己在床上入睡」的情況。對他來說，躺在床上想辦法自己睡著，太麻煩也不必要。

當你試圖把有睡意的孩子放下時，他們可能會用哭聲表達：「媽媽！我還不睏，為什麼把我放下來？這樣很不舒服，我不喜歡。」這樣的哭聲，實際上是在抗議媽媽的「不擁抱」。

是的，一開始可能會因為自己可愛的孩子哭泣而心痛，你會問：「為什麼非得這麼做？為什麼一定要讓孩子哭泣？」你會很猶豫。

然而，抱本身不是問題，問題在於「抱著入睡」，這會讓孩子難以進入深層睡眠。對孩子來說，父母的體溫可能太高，而且父母還會動來動去。試想：在左右搖晃的汽車睡著和在床上安穩入睡，你會選擇哪一種？當然是一個不會東搖西晃的舒適床鋪。抱著入睡讓孩子無法自主延長30到40分鐘的小睡週期，如果總是在夜裡醒來哭泣數十次，這對孩子而言是好的嗎？

如果孩子的睡眠有問題，代表需要建立「自行入睡的習慣」。**即使訓練過程會哭泣，但目標是培養健康而正確的睡眠習慣，我認為這也是重要的育兒目的。**知名兒童心理學家歐恩英博士也認為，育兒的目的是幫助孩子「獨立」。

現在，我們來思考一下關於哭泣的認知差異。

「讓嬰兒哭泣而不理睬」以及「讓嬰兒哭泣，等待他們自己平靜下來」，這兩種情境，都是在孩子哭泣時選擇不出手干預，然而，背後的意圖卻明顯不同。第一種情境，感覺上有點像在虐待孩子，即使有機會抱孩子，也不願意這麼做。

第二種情境，背後顯然有較合理的原因，像是為了培養孩子的獨立性、學會自我安撫與養成良好的睡眠習慣等。

若父母能了解睡眠訓練的「原因」與「目標」，就能在過程中減少內疚。因此，我們在進行睡眠諮詢時，一定都會努力向父母解釋這麼做的原因。

睡眠訓練做的事情，是把健康且安全的睡眠習慣B，介紹給習慣用A方法入睡的孩子，並且藉由父母的幫助，讓孩子可以成功轉變的過程。我想這樣說明，會更容易明白。

透過哭泣的過程，我們期待孩子習得「自我安撫」的能力，父母也應給孩子在疲倦時自行入睡的機會。如果總是急於介入、立刻擁抱或安撫孩子，等於奪走了讓孩子自行入睡的機會，沒有給孩子學習的空間。

在進行睡眠訓練的諮詢中，很多父母會問，這是否代表孩子上床時，父母在孩子面前不要笑也不要抱，更不要說話？甚至有些父母會問，白天的活動時間能不能抱孩子？

當然可以抱，而且也必須抱。父母的角色是在孩子沒辦法自行入睡而哭泣時，給孩子所需的安慰和平靜。在安慰哭泣的孩子時，如果父母突然別開眼神、不笑也不抱，或者連話都不說，孩子會很困惑，也容易引發焦慮的感受。

因此，睡眠訓練時當然可以抱孩子，也請放心地與孩子說話。只不過，當孩子很睏且想睡覺時，父母在房間裡待了10、20分鐘還不出來，那就有問題了。諮詢時，我常對那些對孩子哭泣比較敏感的父母說：

「請你想想看。晚上11點是入睡時間，你因為太累進了房間，但是有一個你非常喜歡的藝人出現，親切地和你說話、拉著你的手，甚至安慰你。在這種情況下，你應該很難睡著吧？入睡的專注力自然也會降低。現在的你對孩子來說就是這樣的存在。因此，你的床上不該再放孩子的搖籃，你也應該暫時待在孩子的視線之外。因為，你的孩子需要一段時間，讓自己專注進入睡眠。」

為了建立良好的睡眠習慣，父母必須明白為什麼要耐心等待孩子哭泣，以及該在什麼情況下給孩子入睡的機會，這是很重要的過程。

請牢記！作為父母，不會毫無原因讓孩子哭泣！

在睡眠訓練中，爸媽扮演的角色是關鍵

睡眠訓練失敗的兩個主因如下：

1. 缺乏一致性
2. 缺乏信心

這兩點最重要。強大的意志力可以讓父母始終如一地推動某個方法，也可以給他們能做到的決心與信心。只不過，面對嚶嚶嗚嗚的孩子，並非育兒專家的新手爸媽，實在很難在龐雜資訊中判斷怎麼做最好。

如果到網路上找YouTube影片，你會發現，有人提倡嬰幼兒晚上八點入睡，也有人說晚上七點要就寢；有人說保持明亮很重要，有人說在黑暗的環境才能讓孩子好睡……等不同說法，新手爸媽為此驚慌失措。也因為內心的焦慮，開始東嘗試一點、西嘗試看看，把每種睡眠訓練都試過一輪，例如：抱放法、噓拍法，甚至是費伯法。

假使想嘗試某種訓練方法，請至少堅持一週。記得前面提到的「一致性」嗎？舉例來說，如果選擇費伯法，效果很好也符合父母的性格，我建議繼續使用這種方法。但如果已經失敗，並且抱著孩子入睡很長一段時間，不妨換別種方法。

請記住，在改變孩子習慣的過程，「一致性」最重要。**保持一致的育兒態度，能讓孩子信任並跟隨父母**。

父母選擇以孩子主導的方式照顧他們，是不是代表就只能照孩子的意願行事？我們要做的是引導孩子，不是讓孩子引導我們。新生兒時期，我們的寶寶對世界了解甚少、也會感到害怕，我們可能需要迎合他們的一切需要，一旦這樣的時期過去，請將照顧孩子的方式從「孩子主導」轉變為「父母主導」。

進行睡眠訓練時，孩子的特質很重要，負責訓練的父母的心態也很重要。選擇讓父母安心的訓練方法，是最優先的考量。面對非溫和型特質的孩子，我們是否該擔心？答案是不需要。如同我們不可能改變自己的特質，孩子的特質是他們擁有的獨特之處。即便擁有相同特質的人，也有各自獨特的面向。因此，是不是溫和的孩子，反映的僅是孩子的特質樣貌，沒有所謂的好壞。

如果我們能早點了解，自己的孩子確實比較敏感、比較不好照顧，代表我們及早獲得了認識孩子的線索。了解孩子更深，不只有益於睡眠訓練，對往後的育兒過程也有幫助。

嬰幼兒階段的孩子，還沒辦法自由地掌控身體，也沒有能力好好表達自己的意見，但孩子擁有感受的能力。在成長過程，提供適合孩子特質的環境和經驗，可以讓孩子發現自己的才華，給他們更多積極的影響，發展出更細緻的性格。

許多父母在諮詢時常常提到以下情況：

「我太敏感，長期失眠。我希望孩子能睡得好，別像我一樣敏感。」

「睡眠訓練期間，我帶孩子回娘家。我很容易認床，換了地方就睡不好。我的孩子也是，在家睡得還可以，出去就很難睡。這是睡眠訓練出了問題嗎？」

「在家進行睡眠訓練時，孩子總能睡至少一小時以上，但在汽車座椅上卻只能打個20分鐘的小盹。我希望孩子在家裡以外的地方也能睡好，為什麼睡眠訓練都做了，在外面還是這麼難睡？」

當孩子對噪音與環境變化敏感，以至於很難入睡時，部分父母會擔心孩子繼承了他們的敏感體質，並嘗試讓孩子暴露於吵雜的環境中適應。

讓我們來想像一下。自己平常就是苦於失眠的人，在面對微小的噪音時也難以入睡，所以會使用隔音耳塞或耳機來幫助入睡，並且試圖掌握周遭環境，打造更舒適的睡眠環境。如果我的孩子和我一樣敏感，這種敏感是否有改變的必要？事實是，孩子無法選擇要不要這麼敏感、要不要改變，因為這種「（被大人認為）不必要的敏感」是孩子與生俱來的特質。

有時候，父母會希望改善敏感的狀況，但要求一個成年人按自己的意願改變睡眠環境都很困難了，更何況是面對沒辦法自我掌控的孩子。這並不是一個可以適應並解決的問題，尤其是一歲大的孩子——可能比我們預期的更敏感和容易受到刺激。

「媽媽、爸爸，我現在什麼都做不了，我需要依賴你們，需要幫助。」

孩子會自然依賴和信任照顧者以求生存。透過豐富的經歷與對這個世界的認識，孩子的敏感逐漸轉變為對世界的信任，心理上開始獲得安全感，漸漸不再那麼敏感。父母要知道，如同我們可能感到不適，在睡眠訓練的階段，孩子也會有同樣的感受。

如果我們的目標是更輕鬆的育兒，那麼首要就是認識與了解我們的孩子，而非追求打造完美的孩子。

我兩歲七個月大的女兒莉亞，性格很溫和，只是有點膽小，但她非常喜歡交朋友也很活潑。剛開始，我不知道她是真的很害怕，直到某天，我突然發現：她的膽子真的比較小，也經常擔心各種不同的事情——和小時候的我一模一樣。

我媽媽曾經告訴我，當時她幫我報名游泳班，但我在游泳池待了整整一個月，說什麼就是不肯把腳踩進水裡，一直哭個不停。我女兒也是這樣，她在外面玩得很開心，只要是她感到能勝任的遊戲，她都會很有自信地享受。她花了一年半的時間才敢滑溜滑梯，很難相信吧？（她到現在還是很怕鞦韆）

因此，請試著了解你的孩子，盡量感同身受地理解。晚一點才敢玩鞦韆會如何嗎？請各位努力了解自己的孩子，根據他們的性格與特點來調整育兒的方式。

與其花力氣把敏感的孩子變得不敏感，讓自己壓力這麼大，不如按照孩子的敏感之處研擬更好的引導方法，讓孩子和父母都能更快樂。

現在，讓我們進入睡眠訓練中最棘手的部分：哭聲。想想這個問題，你的忍耐程度有多少？

「你多能忍受孩子的哭聲？」

進行睡眠訓練時，孩子的哭聲無可避免。若孩子能在不哭的情況下自行入睡，這真的很完美。然而，「睡前哭鬧」不代表孩子不舒服，而是這個階段的孩子用來表達「睏意」的溝通方式。對語言發展尚未成熟的嬰兒來說，唯一能表達饑餓、無聊、不舒服等所有情感的方式，就是「哭泣」。

基本上，嬰兒不喜歡變化，成年人也一樣。如果要任何一個成年人立刻改變他們的習慣，他們也會不舒服，也會需要時間適應。接下來，我想分享一位已經完成睡眠諮詢的母親——敏彩媽媽的故事。

敏彩的媽媽對孩子的哭聲很敏感。她很想進行睡眠訓練，卻無法忍受孩子的哭泣，並且會跟著感到壓力。孩子的哭聲讓她害怕，房內傳來的敏彩哭聲，也讓她非常痛苦。敏彩也是生來敏感的孩子。

這樣的睡眠訓練並不容易。我們用了比一般情況更長的時間，為敏彩打造更舒適的睡眠環境（光線、噪音、稍長的睡眠儀式、白天安排較輕鬆的活動等），並持續維持一致的睡眠訓練，敏彩才終於能安穩入睡。

我們可以理解，嬰兒正處在把A睡眠習慣轉變成B睡眠習慣的過程，如此看來，嬰兒哭很正常。所以，別害怕嬰兒哭。

嬰兒開始練習自己入睡時，可能會伴隨哭聲。不過，即使是在睡眠訓練之前，哄睡孩子時也同樣會有睡前鬧脾氣的情況發生，也同樣會哭泣。

作為孩子的照顧者，請懷著「你可能會不舒服，這可能很難，但這是一個學習的過程，我會在旁邊幫助你」的心情，來看待孩子的不適。觀察孩子的變化，你一定會驕傲又欣慰。

第二章

建立「好眠心態」，不再為孩子睡不好而崩潰

你想成為什麼樣的媽媽？

「我想成為什麼樣的媽媽？」抱著滿懷期待的心情等待寶寶出生的此刻，或者已經歷辛苦分娩的你，可能早已思考過這個問題。對於一心想著要成為好媽媽的人來說，「媽媽」這兩個字讓人興奮又害怕，也格外沉重。

我也是這樣的母親。對我來說，「媽媽」代表的是：比我從前所做的任何事都更有價值的選擇，是一份終身的責任。正因如此，確定自己想成為什麼樣的媽媽、訂出養育孩子的方式，就變得至關重要。

為什麼談論睡眠訓練時，要一併提到育兒方式？

因為，孩子為了生存而吃飯和睡覺，但孩子的能力有限，直到他們擁有自理能力前，父母就是主要的照顧者。打造一個讓孩子可以安心吃飯、安穩入睡的環境，是育兒者的責任。

在前面章節中有提過，孩子們對於可以預測的日常活動感到安心，他們喜歡在規律的環境中生活。因此，如果孩子有不健康的生活作息，我們應該趁早協助他調整，並養成良好習慣。舉個例子，假設孩子經常到凌晨2點才入睡，在正常分泌睡眠荷爾蒙的時間吃東西和玩耍，這顯然需要改變。你應該告訴孩子：「在該睡覺的時候繼續玩耍和吃飯，對你的成長和健康都不好，媽媽會幫你調整。」而不是：「你本來就習慣半夜才睡覺，如果你想這樣，那就深夜再睡也無妨。雖然會睡到很晚才起床，白天活動時可能會很累，但如果你想這樣，我們就這樣吧。」

我們不應過度縱容或控制孩子，合理的界線對孩子很重要，這是為了提供孩子適切的方向與引導。父母需要擁有對孩子施加「良好權威」的能力。

如果孩子仍然缺乏自我調控能力，習慣性地不想入睡，而且這種習慣也阻礙了他的成長與發展，那麼，我們非常建議透過睡眠訓練來改善。

夫妻倆好好思考以下的問題，將有助於確立教養的方向。

你想成為什麼樣的父親／母親？

對於我們的寶貝，你希望他／她成為怎樣的孩子？

每個孩子都與眾不同，育兒也沒有標準的答案

"It takes a village to raise a child."

「養育一個孩子長大，需要一整個村莊的力量。」

這是非常有名的一句話。在我居住的加拿大，當地朋友經常提到這句話。這是非洲的諺語，意味著要在社區中建立健康、安全的環境，給孩子一個感到安全的空間。在網路發達的時代，又或者是疫情肆虐的時刻，我們可能很難從社區得到幫助。因此，有一個特殊的支持網絡叫「媽媽社群」。

在媽媽社群裡，大家可以分享資訊、推薦育兒產品、分享難過的心情。每個人都因「懷孕／生產／育兒」的共同經驗聚在一起，形成一個共同體。在這個社群裡，可以交流各式各樣的事情。有時，我們給予安慰，互相理解與鼓勵，其他時候，我們也分享重要的資訊和經驗，試著讓育兒更輕鬆。

我自己也經常參與媽媽社群。在那裡，我得到安慰也得到支持，經常會出現這樣的感受：「原來，我不是唯一遇到困難的人。」也接收很多實用的資訊。

然而，在現代社會中，類似「媽媽社群」的群體，有時也可能成為毒藥。對第一次當媽媽的人來說，要過濾出對自己真正有用的訊息，其實非常困難。

有些媽媽說，哺乳至少要間隔四小時，有些媽媽則建議根本不需要睡眠訓練，直接抱寶寶入睡就好。當我在不了解睡眠訓練的情況下加入媽媽社群，與我在獲得專業知識和資格後進入媽媽社群，兩種情境確實有很大不同。

社群上充斥很多資訊，但是，無論是利用匿名的身分四處批評，或者讓考慮睡眠訓練的媽媽感到內疚的措辭或句子，都讓我感到很沉重與痛心。我相信這位媽媽發表文章的初衷，絕不是因為想虐待孩子。

毫無疑問，媽媽社群是很好的共同體，可以得到共鳴與安慰，也能獲得所需的訊息。但是，請務必培養不過度依賴社群訊息或網路資訊的健康心態。

把孩子拿來比較的文化，也很容易在心底發芽。媽媽們不禁會這樣想：「為什麼同期孩子都能一覺到天亮，只有我的孩子不能？為什麼只有我的孩子到半夜還要喝奶？」這樣的心情，會讓人感覺自己真不是位好媽媽。

希望各位讀者絕對不要這樣做。在漫長的育兒旅途中，把情感浪費在這種不必要的煩惱上毫無意義。在如此寶貴且不可缺少的育兒生涯中，請記得，只接受必要的訊息，只接受自己能接受的部分，好好保護、照顧自己的育兒心情。

對那些試圖利用匿名帳號來加諸我們罪惡感的人，以及那些毫無幫助的育兒建議，皆可不必理會。勇敢守護自己的心和力量吧。「我想成為什麼樣的媽媽？我想要怎樣養育孩子長大？」的堅定思想，充滿了力量。

各位讀者，你們想成為什麼樣的媽媽？想用什麼樣的方式，陪伴孩子長大？

就我個人而言，要我承諾作一位「充滿母愛、有堅定捨己精神、認真看待育兒的媽媽」是不可能的。坦白說，我喜歡工作更勝育兒，因為工作能給我成就感和自我肯定感，這是我需要的。但是，我在堅持育兒的基本原則時，同時也以「給孩子堅實後盾」的心態來育兒。用觀看大局的心，勿太執著枝微末節。希望各位也能找到，對你來說最重要的「大局」。

適合自己和孩子的方法，就是最好的方法

如果你已經決定好想要的育兒方式，也確定了自己想成為什麼樣的父母，那麼，正式進入睡眠訓練之前，你得開始做足心理準備。

「要不要進行睡眠訓練？有必要嗎？會不會孩子自己就能好好睡覺了？」我相信，你可能已經反覆思考過這些問題。

我了解，一開始很難下定決心，因為你可能擔心會失敗。但若因害怕失敗而不執行，那麼現狀就不會有任何改變。若父母感到不安，孩子就會更不安。我們無法百分百預期會發生什麼事，你設定的目標有可能比你想像的更容易實踐，又或者你下定了決心，卻可能面臨一段頗為漫長的旅程。

曾經自行嘗試過睡眠訓練，卻痛苦失敗的人，大多會問：「有多少孩子沒辦法訓練成功？我也擔心會失敗，害怕對孩子造成傷害。」根據我在許多案例裡接觸

孩子的經驗，我發現：睡眠訓練會失敗，是因為父母決定放棄。沒有一個孩子注定不能接受睡眠訓練、或者一定會失敗。

假使已確定好要使用的睡眠訓練方法，就不要再四處尋找，請堅持你的選擇。如果進行了很多研究，還是覺得很難達到理想目標，別忘了還有專業的睡眠訓練專家可以幫助你。

我們的生活充斥著各種錯誤的睡眠訓練資訊，那些非專業人士也試圖影響新手爸媽。豐富經驗的專家與不具備正確專業知識的人，兩者可能存在巨大差異。讓我們回顧一下，幾年前曾碰過的特殊睡眠輔導案例。

在那個時候，擁有專業睡眠訓練資格的專家並不多。前來委託的媽媽申請了面對面的諮詢。在過往的諮詢中，她得到了一些建議，像是：小於十二個月的嬰兒必須用包巾緊緊包覆，睡覺時不應移動；哺乳時不應和嬰兒雙目對視，避免睡意被驅散，因此，哺乳時應在嬰兒的臉上蓋上輕薄的布。

初為人母的她，照著諮詢的建議將孩子包裹了數個月。當時七個月大的寶寶，力氣漸漸變大，無法再使用傳統的包巾，但出乎意料的是，寶寶並沒有因此安穩入睡。

為了讓寶寶睡著，她在寶寶的上半身和下半身分別使用包巾，最後把整個身體再包起來。雖然照做了，但她不認為這是正確的方法，因此前來諮詢。

我們的建議是：「根據美國兒科學會的安全指南，嬰兒開始翻身後，不得使用包巾。」以往她並沒有接收到這個資訊。

非專業人士的建議，背後可能存在著風險。因此，我們必須學會區別專業和非專業的建議。如果你已決定向專業人士尋求幫助，就像生病時去醫院，請完全相信並遵從具有相應資格的睡眠專家建議。與其短暫試個一兩天，就評估是否奏效，不如相信孩子有自己的步伐，會按照最適合的步調調整過來。畢竟要求成年人在一天內改變習慣也不容易。

對孩子來說，最重要的是一致性的教育，不要讓他們困惑。我們不應該用「試試看，不行就算了」的心態開始。請記住，為了全心相信並跟隨你的孩子，要牢記自己育兒的初心，並堅持到底。

孩子為什麼會睡不好？

睡眠訓練的定義如前所述，是針對在子宮內待了十個月以後，來到這個世界上，並且對如何入睡一無所知的嬰兒所進行「自我入睡方法」的訓練。對初為父母的人來說，很多人認為嬰兒只要躺下就能睡，我也曾這樣想。沒想到，讓嬰兒入睡竟然這麼困難！眾多兒科醫生一起討論，稱嬰兒的睡眠是需要學習的技能（learned skill）。所以，如果還沒有學會，當然沒辦法好好睡。

我想分享一個前來諮詢並訓練成功的夏珍寶寶與媽媽的故事。

夏珍四個月大，白天的小睡時間讓媽媽最為困擾。媽媽總希望小睡能自然延長，但夏珍總是在30分鐘內醒來，接著就會一直哭泣，因為她還是覺得很累。夏珍小睡時，媽媽必須一直在旁邊等待、陪伴，或者輕拍她、發出噓聲，又或者要抱著她，才能勉強把小睡時間拉長到30分鐘以上。

寶寶的哭聲讓媽媽患上了產後憂鬱症和恐慌症。不僅如此，由於每次只睡30分鐘，這讓夏珍變得喜怒無常、容易哭鬧不安。進行睡眠訓練前，我們列下了夏珍寶寶的幾個主要問題：

- **總是側身入睡。**
- **哭聲非常刺耳。**
- **白天不能自行入睡。**

夏珍的問題，主要在於沒辦法自行入睡，且將嬰兒固定在某個特定姿勢入睡，並不符合安全的睡眠環境，還有夏珍對吸吮有強烈依賴。改善這三點後，夏珍成為了好眠寶寶。

在了解寶寶為什麼無法好好睡覺這件事情上，我們需要先認識所謂的「睡眠週期」。如下方的「睡眠週期」圖表所示，一個「睡眠週期」可分成五個階段，

睡眠週期

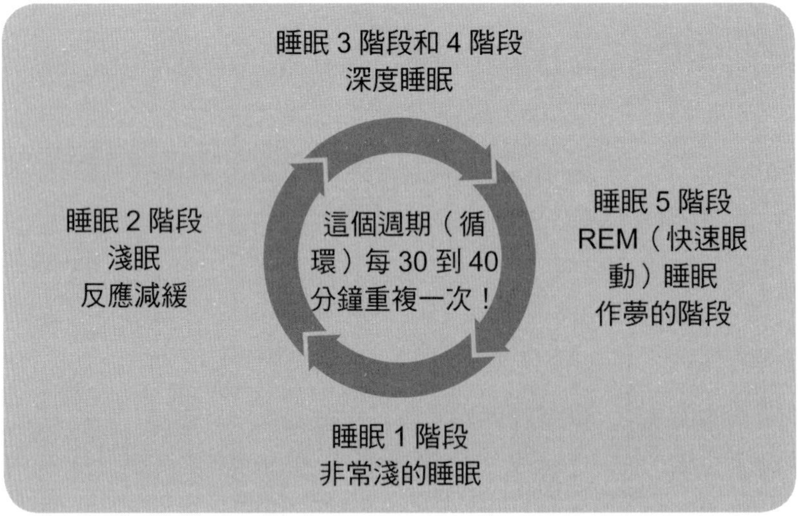

出處：Sleepbetter Baby

當我們從淺眠到深度睡眠（即從階段1到階段5）後，會再次回到淺眠狀態，然後進入循環。嬰兒的一個「睡眠週期」大約是30到40分鐘，比成人短。

而下方的「嬰兒睡眠週期模式」圖表，展示了嬰兒在夜晚入睡時，如何反覆於「清醒—淺眠—深度睡眠」之間。對於嬰兒來說，在每一個週期之間清醒是很自然的事，他們不像成年人一樣，能自然地進入深度且長時間的睡眠。

進行諮詢時，我經常舉一個例子試著讓父母比較好了解。對

嬰兒睡眠週期模式

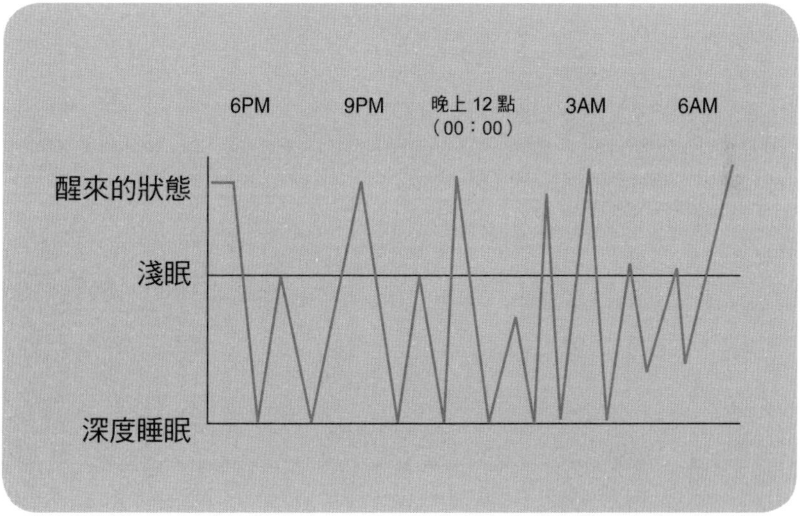

來源：Sleepbetter Baby

於一個連注音都沒學過的孩子，要求他們：「睡一覺起床後，寫一個『蘋果』！其他孩子都寫得很好喔！」如此強迫他們並不合理。

沒辦法自己入睡的孩子，無法進行睡眠週期的「連接」，因此會更頻繁醒來、哭泣，很難安穩地睡過夜。所以，教導他們在這個時候「自行入睡」，就是睡眠訓練的目的。

那麼，睡眠訓練究竟是為了讓父母更輕鬆，還是為了讓孩子更舒服呢？

給孩子高品質的睡眠，有以下好處：

優質睡眠對孩子的益處

1. 提高智力和認知能力。
2. 白天的狀態更穩定。
3. 促使生長激素充分分泌。
4. 降低壓力水平。
5. 減低兒童肥胖和成年慢性疾病的機率。

6. 解決睡眠問題，奶量也會自然增加。

對於父母來說，有以下的好處：

睡眠訓練對父母的好處

1. **可預測的育兒狀態：**心理上更穩定，有餘裕計劃事情，在長期育兒的路上更輕鬆。
2. **提高育兒的自信心：**在育兒時，沒有什麼比自信更重要。在家庭中，孩子是團隊的一員，而爸爸媽媽是領導者。如果領導者無法自信地引導孩子，漫長的育兒生涯可能會變成沉重的心理負擔。
3. **減少產後憂鬱：**幸福的育兒能讓父母獲得真正自信並且感到開心。如果媽媽感到快樂，白天會充滿活力，可以好好擁抱孩子，給孩子燦爛的微笑。良好的睡眠同時給孩子和媽媽正面的能量，有助於降低產後憂鬱的風險。睡眠不足時，可能會對身體和心理產生負面影響。

我認為，睡眠訓練是為了「父母」和「孩子」雙方而展開的教育工作。有人會說，進行睡眠訓練，用外國人的方式養孩子、讓孩子哭，這種觀念不符合東方的情感文化。但這樣的觀點，其實早已不合時宜。三十年前，我們那一代父母養育我們時，「嬰兒猝死症」這個詞根本還不存在，讓孩子「趴睡」是普遍可見的育兒風潮，這不僅是為了頭型，也是為了讓孩子能更好入睡。

現在，由於趴睡的死亡風險過高，讓孩子仰躺入睡才是普遍的方式。諸多觀念有可能隨時間改變，與其聽取媽媽社群的建議、朋友或父母的說法，不如專注在我們面前的孩子。

如果你的孩子有睡眠問題，我們強烈建議睡眠訓練。**相信自己是對的，這是育兒的本質。即使其他人想法不同或者不以為然，只要父母認為自己是對的，那麼這就是我們家庭的方向。**透過陪伴數千名孩子成長的經歷，我們可以知道：孩子們的日程安排各不相同，每個家庭的需求與期望方向也都不同。

遠離嬰幼兒睡眠中的危險陷阱

如果你已經做好為孩子進行睡眠訓練的準備，接下來最重要的是建立「正確的睡眠環境」。床上充滿靠墊、枕頭、被子、極細的絨布墊子、沒有被固定妥當的墊子、心愛的玩偶、防逆流哺乳靠墊、身體枕等，這些在北美都是禁用的物品。

你聽過嬰兒猝死症（Sudden Infant Death Syndrome, SIDS）嗎？指的是一歲以下的嬰兒死亡，但無法找到明確原因的情況。儘管無法確定具體原因，但通常窒息、呼吸暫停、感染、消化與代謝障礙，以及造成事故發生的危險因素（未打造安全的睡眠環境）都是可能原因。

該如何建立安全的睡眠環境？

如果你是新手父母，請務必詳閱以下內容，提供孩子更安心的睡眠環境！我們將介紹美國兒科學會最新版本的安全睡眠指引，其中有些知識還沒有廣泛被大眾認識，卻是希望所有家長都能夠瞭解並遵守的須知。儘管引發嬰兒猝死症的因素很多，但多一分預防，就能多一分安心。

美國兒科學會——安全的睡眠環境創建方法（最新版本）：

1. 讓嬰兒仰躺入睡（避免側睡或趴睡）。
2. 讓嬰兒睡在平坦、堅硬、無傾斜角度的床上（禁止使用防吐奶墊）。
3. 哺餵母乳可以降低嬰兒突然死亡的風險，因此建議哺餵母乳。
4. 建議至少前6個月內與父母同房不同床，不鼓勵分房睡。
5. 不要使用枕頭、柔軟的玩具、毯子、床墊加墊、材質鬆軟的物品、毯子，及任何未固定的墊子或床墊保潔墊。
6. 使用奶嘴可以降低嬰兒突然死亡的風險，因此建議在睡覺前使用。
7. 在懷孕期間或分娩後，避免吸煙或使用尼古丁、酒精、大麻、毒品等。
8. 不要讓嬰兒睡覺時戴帽子。
9. 建議孕婦在懷孕期間進行定期檢查，並根據兒科和疾病控制中心的指南接種預防針。
10. 不要依賴用於監控嬰兒心跳和呼吸功能的設備，因為它們不能降低嬰兒猝死的風險。
11. 建議在孩子清醒且父母監督的狀態下，進行趴姿抬頭時間（Tummy Time），在出院後即可逐步開始訓練。建議在寶寶7週大時，每天至少安排15至30分鐘的趴姿抬頭練習。

我們身體內的食道和胃彼此相連。食物從口腔進入，經由食道下行，接著再進入胃。食道和胃之間有一個括約肌，但直到嬰兒出生三個月後，括約肌都還處於發育階段。由於嬰兒的括約肌還沒辦法縮緊，胃裡的食物可能沿著食道上升，導致嬰兒很容易嘔吐。尤其十二個月以下的嬰兒吞嚥時，這是很正常的現象。

使孩子仰躺，即是出於這樣的考量。當孩子平躺時，食道的括約肌會相對處于閉合狀態，減少了逆流的可能性。但若孩子趴睡，胃裡的食物會更容易逆流並上升，並由於重力的作用被吸入氣道，增加嗆入風險。

打造安全的睡眠環境，不僅僅是為了睡眠訓練，更是照顧嬰兒的基本安全指南，請一定要認真重視！嬰兒的良好睡眠固然重要，但安全始終是首要考量。

用安全的方法也能睡出「好看頭型」

讓孩子平躺著睡覺，有些父母或許會擔心難以維持孩子好看的頭型。如今，嬰兒頭型矯正門診越來越流行，像是矯正頭盔等都是父母們關注的話題。我在養育孩子時，也曾非常擔心這個問題。

為了矯正頭型，有些人讓孩子在睡覺時使用矯正枕頭。正如安全睡眠環境指南所建議的，床上不應有任何柔軟物品。或許你會認為孩子的頸部需要一個軟枕頭，或者為了保暖，你想要給孩子蓋上被子，但這只是成人的觀點。

孩子不像成人一樣可以蓋好被子，或者靜靜地在枕頭上睡覺。相反地，在十二個月前不建議使用被子，因為會有窒息的風險。在二十四個月前也不建議使用枕頭，同樣有讓孩子窒息的風險。孩子在二到三歲前還不懂「枕頭」是什麼，如果讓孩子使用枕頭，父母應隨時在旁邊，一旦出現危險，就能立即採取措施。

基本上，如果你不會一直陪在孩子身邊看著他們睡覺，我建議絕對不要使用枕頭。不過，在玩耍時使用枕頭是可以的。

接下來，我會分享一些保持嬰兒頭型美觀，同時也確保安全的睡眠建議。

在安全的睡眠環境下，維持孩子美麗頭型的方法

- 即使孩子不喜歡，請每天盡量多安排一些趴姿抬頭時間（Tummy Time）。當孩子的頭不再長時間觸地面，而是能夠開始翻身和採取坐姿時，頭型就會自然變得圓潤。
- 只有在白天進行遊戲或者照顧者密切觀察的情況下，才使用頭型矯正枕。請勿在孩子入睡時使用。
- 經常更換孩子頭部在床上的位置。例如，如果今天頭在床的上半部，明天請將頭放在床的下半部（平常放腿的位置）。孩子本能地會將頭部朝向光線或持續發出聲音的地方。為了防止孩子在睡覺時醒來，也為了有助於矯正頭型，經常更換頭部位置是個技巧。

選擇母乳和配方奶的差別

等待心愛的寶寶來到這個世界之前，正在準備育兒用品的你，或許也開始考慮準備孩子的奶瓶；是否需要擠奶器，還是應該更深入研究親餵母乳的知識；若母乳量不足，應該以哪種奶粉替代。我想你可能已經做了很多評估，也廣泛地找了各種訊息。我能體會，我也走過這段路。

在祖母和母親的那一代，除非有健康上的疑慮，通常會採用母乳哺育。在那個年代，不親餵孩子被視為「沒有母愛」，也沒有人會提「睡眠訓練」這樣的觀念。如果嬰兒哭鬧，普遍的認知是他們餓了，要趕緊餵奶讓孩子入睡。就像當時的人們會貶低剖腹產的媽媽，讓她們對剖腹產自責一樣，都是毫無道理的指控。

而隨著時代發展、觀念轉換，餵配方奶的比例越來越高，相關的選擇也更廣泛。但這並不意味著以前的育兒方式是錯誤的，只不過，我們已經進入可以理性學習並應用在當前育兒狀況的時代，代表我們有更多種選擇，可以思考哪種哺乳方式最適合自己和孩子。那麼，我們來了解喝母乳和喝配方奶的優缺點吧。

餵母乳的優點

①母乳對嬰兒來說是完美的營養來源。特別是產後3到7天內所分泌的濃郁黃色初乳，富含維生素、蛋白質和免疫球蛋白成分。各位媽媽們在查找資料的過程，一定已經讀過很多有關「初乳」重要性的資訊。

②嬰兒在媽媽的懷抱中，以直接接觸肌膚的方式喝奶時，可以聽到媽媽的心跳聲，與媽媽產生情感上的連結，因此能獲得心理上的安定感。

③透過母乳哺育，母親的身體會分泌催產素和泌乳激素。催產素有助於子宮收縮，也能有效預防乳腺癌和骨質疏鬆等問題；泌乳素則有助於減緩壓力，減少產後憂鬱症的症狀。

④在哺乳期間，與未哺乳的情況相比，懷孕期間增加的體重會更快速地減少。由於嬰兒攝取了母親的營養，因此會消耗母親的熱量，體重自然下降。研究還顯示，哺乳有助於降低子宮內膜癌、子宮頸癌、乳腺癌、卵巢癌和骨質疏鬆等疾病的發病率。此外，與配方奶相比，母乳在經濟上也更具優勢。

餵母乳的缺點

①比較難評估寶寶實際攝取量，不像泡奶粉那樣容易估量。

②如果只用親餵方式，在半夜寶寶醒來或外出的情況下，照顧寶寶可能會比奶粉哺育更為困難。母乳只有母親能給予寶寶，即使有人能在半夜時協助，但寶寶餓醒時如果沒有先擠好的母乳，仍無法提供實質幫助。

③由於母乳會直接影響寶寶，因此媽媽的飲食管理非常重要。但相對地，選擇餵配方奶的媽媽，產後可以根據喜好，享受喝啤酒、喝咖啡，或者吃較具刺激性的食物，飲食的選擇更自由。

④使用安撫奶嘴會比較困難，因為可能產生乳頭混淆，因此須留意使用方式。

餵配方奶的優點

①配方奶在白天和夜間哺育時有其便利性。餵奶的任務可以分攤給媽媽以外的人，讓照顧者輪流哺育孩子，並且方便外出時使用。

②可以準確知道寶寶吃了多少。

③母乳餵養在六個月後可能會出現缺鐵的情況，但市面上的奶粉含有鐵，因此缺鐵的可能性較低。雖然從媽媽那裡自然得到的母乳最好，但市售奶粉也相當不錯，可以讓寶寶健康長大。

④雖然不像母乳餵養那樣能感受到母親肌膚的觸感，但在面對母親且能相視彼此的情況下，寶寶也能感受到穩定的情感聯結。

餵配方奶的缺點

①消化速度較慢是缺點。相對於母乳餵養，擁有飽足感的時間更長可能是一個優點；但與母乳相比，奶粉確實消化得比較慢。

②親餵母乳不需要額外為哺乳做準備；但用配方奶時，奶瓶的清潔、消毒、準備奶粉等過程，可能稍微繁瑣一些。

③母乳在經濟上更具優勢；配方奶是另一筆固定支出。

以上是餵母奶或配方奶的一般資訊。在我們家裡，哺餵母乳可能更合適，而其他的家庭，配方奶可能更方便；有的寶寶很愛喝母乳，也有的寶寶不喜歡喝母乳。每個家庭與孩子都有各自適合的選擇，並沒有對錯與好壞。

生理狀態不佳的產後媽媽，可能因為產後綜合症很難哺育母乳，實際上，也有一些因為腰椎間盤突出沒辦法自然分娩，不適合餵奶的媽媽。儘管知道餵母奶對孩子很好，我相信還是有媽媽更青睞配方奶的好處。只要寶寶吃得好、健康成長，任何一種選擇都是「最好的選擇、正確的選擇」。

沒有餵母奶，不代表不夠愛自己的小孩，也不等於是缺乏母性的媽媽。

無論用什麼方式，母親對寶寶的愛與餵奶的方式無關。即使是為了自己的方便選擇配方奶，或是由於健康原因放棄了母乳哺育都沒有關係，最重要的是，**媽媽的選擇，就是愛寶寶的選擇。不管是哪種哺育方式，只要寶寶和媽媽一同快樂，這就是正確的選擇，請記住！**

孩子的睡眠問題，也可能導致產後憂鬱

你聽過產後憂鬱症嗎？真的有很多人經歷過。雖然焦慮和憂鬱程度有所不同，但大多數人都有一定程度的體驗。在我任職婦產科護理師的時候，經常提醒即將出院的媽媽：「如果你有傷害寶寶或自己的念頭，請立即尋求醫療協助。」以前還沒有孩子的我，也曾經以為：「真的會發生這種事嗎？」

當我生完孩子，從照顧我的護理師口中聽到這番話時，真的感到很奇怪。更讓我震驚的是，那位護理師用一種看透一切的表情看著我丈夫，說：「從明天開始，你的妻子就會開始哭泣，請好好照顧她吧。」我們兩人都很困惑。我不禁問：「嗯？你說什麼？為什麼我會哭？」。

回到家的第二天，和媽媽一起吃飯的時候，聽到我們家的狗狗對鄰居的狗搖尾巴的事，我真的哭得很傷心。你可能不太理解，當時我被一種荒謬的情感所淹沒，就是「我們家狗狗有多麼想玩啊……」，雖然不可理喻，但我當時真的哭了。

即使現在回想起來，仍然難以理解，但這是許多產婦都經歷過的正常情緒漩渦。雖然到目前為止，產後憂鬱症的發生還沒有一個確切的原因，但荷爾蒙變化、育兒壓力、身體及心理壓力和睡眠障礙，通常被視為潛在的因素。

產後情緒低落一般會在分娩後3到5天內出現，心情委靡、情緒沮喪，這些感受都很自然，多半會在一段時間後恢復。

此時，要留意更嚴重的產後憂鬱症。如果從分娩後的第10天開始，情緒低落和焦慮逐漸加劇，不僅沒有隨著時間過去而好轉，甚至變得更惡化，這時就要迅速尋求專業醫生的診治，這件事情非常重要。

最要緊的是立即尋求幫助。產婦的支持系統可以是家人、朋友、丈夫，或是醫療專業人員。產後憂鬱症會對育兒產生很大的影響。在嚴重的情況下，可能出現傷害孩子的念頭，甚至也可能付諸實際行動。

此情況下，尋求醫療人員的幫助就很關鍵了，請時刻關注自己的內心感受，除了保持自我察覺，也要有「一有需要隨時都能求助」的認知：產後憂鬱症不是軟弱的人才會得的病，也不需要感到丟臉，那是任何人都可能經歷的感受。我認為，會產生這樣的感受，源於第一次當媽媽所感受到的壓迫與壓力。

在進行睡眠諮詢時，我遇到過很多因為孩子睡眠不足而患有嚴重產後憂鬱症的母親。有一位母親曾經因為產後憂鬱症太嚴重，萌發自殺的想法。在與她進行諮詢和每天的訓練過程中，我也很替她感到擔憂。訓練結束的那天，她對我說的話，至今無法忘懷。

「老師，多虧了您的幫助和努力，我們的孩子現在睡得很好。因為憂鬱和焦慮，我一直在服用胃藥和制酸劑，但在接受諮詢後，我終於可以停藥了。感謝您幫助我們的孩子可以睡得好，並讓我從產後憂鬱症中康復。真心感謝您。」

這位母親真摯的話語，我深深記在心裡。實際上，有報導顯示，進行睡眠訓練可以降低母親患上產後憂鬱症的機率。良好的睡眠對心理健康至關重要。然而，要進行睡眠訓練，父母雙方都要有堅強的耐心和體力。如果各位懷疑自己患有產後憂鬱症，請務必與醫生進行諮詢。

尋求產後護理師協助的溝通重點

我曾與產後護理之家等專業機構合作，也進行過許多產後護理師的培訓課程。有些產後護理師是與我們父母親同輩、甚至更年長的人。雖然並非常態，但是在她們之中，有些可能缺乏對嬰兒猝死症或嬰兒睡眠訓練的知識，因此在護理師和產婦之間，經常出現讓彼此感到不舒服的情況。

有些照顧寶寶的護理師，對睡眠訓練不太了解，因此會採取媽媽們不太認同的照護方式。媽媽們可能因為擔心寶寶變得太黏人，或是養成「一放下就醒來」的習慣而焦慮不安。但礙於對方是長輩，往往無法直接表達自己的擔憂，只能悶在心裡難過。實際上，在諮詢過程中，許多媽媽曾這樣說：

「新生兒時期，護理師太喜歡我的寶寶了，總是抱在手上不肯放下來。導致如果哪天護理師沒來，我也只好自己抱著，手腕幾乎快廢了……哪怕只是稍微放下一會兒，寶寶就會哭個不停。」

在與產後護理之家合作的期間，我經常聽到機構負責人對媽媽們這樣說：「各位媽媽們！如果不把需求說出來，護理師就不會知道。每位媽媽都有不同的需求，如果有讓您感到不舒服，或者需要注意的地方，請務必立刻告知。忍耐不說不是為護理師好，反而會因為缺乏溝通而產生誤解。」

我完全能感同身受。我也曾暗自心想：「對，我是有理的，但提出請求可能會讓對方感到麻煩。先忍耐一下，等她走後我自己再做就好了。」選擇不說出實際的想法。但現在的我認為，這樣的忍耐不僅對自己造成困擾，對於護理師來說，也可能帶來更多麻煩。

生下第一個孩子後，我沒有去月子中心，我信心滿滿認為「可以自己來」而選擇留在家裡，結果，身體狀況變得非常糟糕。育兒的困難超乎想像，我也無法將全心照顧孩子。儘管請了月嫂來家裡協助，但當時的我也沒有向她表達自己的需求，反而一直顧慮她的眼色，最後，在缺乏溝通的情況下，我不僅沒能感受到月嫂的用心，雙方也處得不是很愉快。

身為過來人，我強烈建議所有的媽媽，一定要把自己的需求與期望，用美麗的文字寫下來，然後試著向護理師或協助的人提出要求。這樣不論是對照顧你的護理人員或是對你自己來說，都更為輕鬆方便。

以下是由負責產後護理中心（HANAS Mom’s Care）的產婦教育和產後護理師培訓的經理所寫的注意事項，很適合新手爸媽參考：

- 如果家中有不希望進入的空間，請務必告訴我。
- 如果有不能吃的食物、過敏、或者不喜歡的食物，請告訴我。
- 如果有寵物，請事先告訴我。
- 請告訴我在產後護理服務中，您希望著重的部分。例如以新生兒照顧為主，而不是月子餐。
- 居家護理師會使用許多育兒用品，但不一定熟悉每樣產品，如果有貴重或需要注意的物品，請事先告知。
- 居家護理師可能會主動與媽媽交談。如果不希望對話，可以透過機構傳達。
- 請為嬰兒提供一個安全的睡眠環境，避免讓嬰兒趴著睡覺，以確保安全。
- 若有任何照顧不周或感到不適之處，還請務必告訴我們。釐清溝通中可能產生的誤解十分重要，我們也希望能與專業居家護理師合作，陪您一同度過這段難忘且獨特的時光，這也是我們努力的核心目標。

雙胞胎寶寶的睡眠訓練

許多父母會好奇：雙胞胎可以進行睡眠訓練嗎？尤其是早產兒，看起來似乎更脆弱，感覺需要更加謹慎。我們在多年的諮詢中，也協助過許多雙胞胎，甚至三胞胎的孩子進行睡眠訓練，其中也有很多早產兒。因此我們可以肯定回答：早產兒和雙胞胎，都可以進行睡眠訓練。

讓我們來了解一下早產兒的定義。早產兒是指懷孕未滿37週即出生，或者生下來體重不足2,500公克的嬰兒。對於早產兒和雙胞胎，我們會使用「矯正年齡」做為判斷依據。那麼，什麼是矯正年齡呢？

矯正年齡是指從媽媽「預產期」開始計算的年齡，而不是出生的那一天。通常單胞胎的標準懷孕週數為40週，因此，我們會以此來計算孩子的矯正年齡。假設寶寶在36週就出生，代表這孩子可能和其他足月嬰兒有長達一個月的發育差異。許多父母說：「醫生表示，如果寶寶的身高體重都在正常範圍，即使提早到36週，只要沒有被送進保溫箱，就不需要太在意矯正年齡。」

然而，睡眠訓練與「大腦的成長和發育」息息相關。即使體重和身高與同齡兒童相似，發展上仍然存在差異。

許多父母因為不了解矯正年齡，會使用孩子的出生日來計算月齡，變得太早開始睡眠訓練。儘管超過37週後出生的孩子就算是足月，但因為40週和37週的嬰兒在發展上仍然存在3週的差異，所以還是建議父母要納入評估。

舉例來說，一般嬰兒多在三到四個月時開始翻身，但36週出生的嬰兒可能會在四到五個月（以出生日為準）左右才翻身。也就是說，需要綜合評估寶寶的發展速度、能否翻身，以及清醒時間多長等整體狀況來判斷。

接下來提到的實際案例，是經過我們睡眠諮詢的畢業生——雙胞胎兄妹智律與燦律。智律和燦律都非常難入睡，因為是單親的關係，睡覺時媽媽需要同時抱著兩個孩子，光是讓他們睡著就要花很長的時間，而且深夜時如果只抱著智律，燦律就會隨即醒來。他們的母親自生產後，從來沒有好好睡過一覺。

雙胞胎家庭進行睡眠訓練比較困難的原因，也是因為這種情況。當其中一個孩子哭鬧，另一個孩子也會跟著被吵醒，兩個孩子的哭聲把夜晚變成戰場，好不容易一個睡著了，又換另一個哭著醒來。

雙胞胎的睡眠訓練通常更耗時，也需要更仔細觀察孩子的情況。由於需要同時照顧兩個孩子，即使是雙胞胎，兩人的氣質、敏感性、入睡難度等也可能差異很大。因此，我們通常會先確認這三點：

- 能夠一起進行睡眠訓練的照顧者有幾位？（多數雙胞胎家長希望能在祖父母或產後護理師的協助下進行睡眠訓練）
- 孩子們是否有分開睡覺的空間？
- 哪個孩子對睡眠更為敏感？

了解這三點後，智律和燦律的母親採取了以下行動：

- 雖然獨自照顧有些辛苦，但好處是更能進行一致的訓練。
- 先將兩個孩子分開，確保其中一個孩子醒來時，另一個孩子不會受到干擾。
- 先透過諮詢與觀察，確認哪個孩子對睡眠較敏感後，以他為主安排整天的作息，再讓較不敏感的孩子一同配合。

經過訓練後，兄妹倆不僅能自己入睡，也不再半夜喝奶，成功睡過夜。雖然單親媽媽的負擔較大，但也因為照顧方式一致，孩子反而更容易配合。

當孩子們的睡眠狀況穩定後，多數情況下會讓他們再次同睡一房，讓他們能夠逐漸適應彼此的哭聲，並在這個環境下仍然睡得安穩。

雙胞胎睡眠訓練的三個關鍵點

- 確定照顧者的人數
- 創造可以讓孩子分開睡覺的空間
- 確認哪個孩子對睡眠更敏感

第三章

創造「好眠環境」，讓寶寶安心學會自主入睡

認識嬰幼兒睡眠的相關用語

歡迎來到育兒的世界。當我們在討論育兒過程時，會使用一些專用術語或常見詞彙，對於新手爸媽們來說可能不太容易理解，特別是與睡眠相關的用語，以下將稍微說明。

晨奶

這是寶寶早上睡醒後的第一餐奶。將第一餐視為早晨「吃、玩、睡」循環的開始，這樣在調整作息時會更容易理解。

起床時間

在前一天晚上入睡後，睡了約10到12小時，然後在早上醒來、準備開始一天的時間。這也是晨奶的開始時間，代表寶寶醒來要準備進食、玩耍的時刻。建議在起床後，將寶寶從睡覺的地方換到不同的地點進行餵奶，例如客廳。

睡前奶

寶寶在晚上睡覺前最後一次喝的奶。當寶寶喝完睡前奶入睡後，即表示「夜間睡眠的開始」，也代表一天活動的結束，接下來就只有飢餓時會醒來。睡前奶雖然是在晚上，但不算在夜奶（夜間時段的餵奶）中，而是白天餵奶的一部分。

就寢時間

寶寶喝完睡前奶後入睡的時間，代表夜間睡眠的開始。

夜奶

夜奶指的是在睡前奶（晚上最後一餐）和晨奶（早上第一餐）之間餵的奶。一般來說，夜奶不需要經歷「吃、玩、睡」的過程，大多是喝完奶直接入睡。

夜醒

指的是在夜間入睡之後，又中途醒來的狀況。

入睡初期驚醒

指的是在夜間入睡之後，一個小時內就醒來的狀況。

早醒

指的是寶寶在清晨4到5點起床，開始一天的活動。夜間睡眠時間不足10小時的情況，也可以稱為「早醒」。造成早醒的原因很多，可能是受到外在環境因素或行程安排等影響。

夢中餵奶

指在寶寶睡覺時，爸媽將寶寶叫醒餵奶的行為。夢中餵奶建議在晚上10點到11點進行（睡前奶過後2到3小時），不建議超過午夜12點。我們建議夢中餵奶，目的是為了避免父母需要在半夜起來餵奶兩次。

餵奶間隔時間

指的是兩次餵奶相隔的時間。例如，如果是以「每3小時餵奶一次」的話，即表示餵奶時間為7、10、13、16、19點，依此類推。餵奶間隔時間是從「開始餵奶」的時間計算，假設早上7點開始餵奶，並在7點30分結束，那麼下一次餵奶的時間不是10點30分，而是以7點起算，所以應該是10點。

集中餵奶

指的是將餵奶的次數集中在白天時段的哺育方式。通常每2小時進行一次，直到最後一次餵奶。時間上的安排，舉例來說，如果一般餵奶是在7點、10點、13點、16點、19點；集中餵奶的方式會從原本的五次調整成六次，變成7點、10點、13點、15點、17點、19點。

清醒時間（清醒時段）

「清醒時間」是指寶寶從醒來後到下一次入睡前的這段時間。它是影響寶寶是否容易入睡的重要因素之一，因為與寶寶的「睡眠壓力」息息相關。所謂的睡眠壓力，可以理解為寶寶想睡覺的程度——就像壓力一樣，會隨著清醒時間而逐漸累積。清醒時間越長，睡眠壓力越大，寶寶越容易入睡。

白天總睡眠時間

這裡指的是包含短小睡時間的整體白天睡眠時間。

睡眠儀式

這是寶寶在入睡前的儀式。我們建議保持一致的睡眠儀式，即使不想進行睡眠訓練，這也是爸媽與孩子之間非常重要的溝通方式，可以幫助我們更精準了解寶寶的入睡情況。有關睡眠儀式的具體示例，請參閱第四章。

☾短小睡

指20分鐘以內的小睡。正常的小睡時間為20分鐘到2小時，如果時間少於20分鐘，則稱為短小睡。在寶寶行程安排不佳、過度疲勞時，或者沒有那麼累的情況下睡著，又或是吃飽後很難真正入睡等情況，寶寶容易進入短小睡狀態。對於5個月以下的寶寶來說，20分鐘左右的短小睡很常見，父母無須太過擔心。

☾小睡延長

一個睡眠週期約為30到40分鐘。當孩子主動延長小睡時間，或由照顧者協助延長，皆被稱為小睡延長。通常，如果小睡時間超過40分鐘，就表示小睡延長得很好。正常情況下，每天進行小睡延長1到2次，不需要延長每一次的小睡。

☾小睡轉換期

指小睡平均次數減少的時期。舉例來說，寶寶本來小睡3次（通常在四至六個月之間），隨著月齡增加，小睡次數減少到2次（七至八個月）的時期，這段時間就被稱為小睡轉換期。

☾飛躍期

這裡指的是嬰兒從出生到二十四個月之間，經歷的幾個特定發展時期。飛躍期（Wonder Weeks）的研究始於一九七一年的坦尚尼亞，研究人員發現，大多數孩子會在相似的時期比平時更容易哭泣、煩躁或依賴性更高。飛躍期是以預產日為基準來計算，每次週期大約會持續一週左右。在飛躍期，孩子的大腦會突然快速成長，心理和認知方面也會蓬勃發展。飛躍期的概念來自《*The Wonder Weeks*》這本書，作者海蒂·範德裏特（Hetty Van de Rijt）和弗蘭斯·普洛伊（Frans X. Plooij）即指出，飛躍期通常會出現在以下幾個週數（以預產日為基準）：第4週、第7週、第11週、第14週、第22週、第33週、第41週和第50週。

猛長期

猛長期與飛躍期的定義不同。飛躍期涉及心理發展，而猛長期則是專指身體快速發育的時期。在這段時間裡，寶寶的骨骼和脂肪增加，身高和體重也會跟著變化。在食慾方面，有時吃得多、有時吃得少，也可能變得更容易哭鬧或黏人。有些寶寶會在此時期開始長牙，因為不舒服感而煩躁、哭鬧。根據美國哺乳支持機構「婦女、嬰兒與孩童計畫（WIC）」的說法，猛長期通常發生在嬰兒出生的第一年，並且在這段時間內，寶寶可能會更頻繁地想要喝奶。常見的發生時間點為：出生後的第2到3週、第6週、第3個月和第6個月。每一個寶寶的猛長期發生點都不同，通常會持續數天。

睡眠倒退期

隨著寶寶心理與生理開始快速成長，因而影響他們的睡眠時，這段期間稱作睡眠倒退期。目前已知的睡眠倒退期，會發生在寶寶三到五個月、七到九個月、十八個月左右大的時候，孩子的睡眠會明顯受影響。以前睡得好的孩子，連小睡都變得很困難，也可能夜醒的次數增加。雖然每個孩子的階段都不同，但通常會在2到4週內度過這個階段。

奶睡

這是用來形容習慣喝奶入睡的寶寶。如果寶寶無法在清醒時間適當進食而導致需要奶睡，就需要進行睡眠訓練或調整睡眠習慣。

睡眠聯結

睡眠聯結是指寶寶入睡需要的條件。舉例來說，如果寶寶總是在喝奶後入睡，那麼睡眠聯結就是給孩子喝奶。如果說，孩子都要被抱著才能入睡，這時的睡眠聯結就是擁抱。

睡眠訓練的目的，就是漸進式改變孩子可能有的負面睡眠聯結，讓他們可以完全自主地入睡，這是一個過程。然而，其中也有一些積極、正面的睡眠聯結，像是睡前進食、白噪音、保持黑暗等。這些積極的睡眠聯結，其實也有助於睡眠，就不需要強行改變。

巫婆時間（嬰兒哭鬧的高峰期）

巫婆時間，通常是指傍晚到夜間入睡前這段時段，也是寶寶哭鬧最頻繁的高峰期。特別是在月齡較小的階段，寶寶更容易在這段時間變得煩躁，也更容易讓照顧者感到困擾。雖然有許多專家試圖研究巫婆時間的成因，但目前仍未有明確的結論。

然而，也有一種說法認為，這是因為寶寶整天累積的疲勞在此時一次爆發的緣故。在巫婆時間，寶寶可能更常鬧脾氣，變得更難入睡，甚至連原本習慣的小睡也難以進行，甚至可能出現想多吃一點的情況。因此，最好根據寶寶當下狀況彈性調整作息。關於巫婆時間的說明，請參閱第132頁。

寶寶的好眠計畫，從打造安心環境開始

為了讓睡眠訓練順利進行，建立良好的睡眠環境十分重要，其中包括：遮光、隔音，以及區分父母與寶寶的睡眠空間等。身為父母，為了寶寶的安全，必須盡最大努力打造良好的睡眠環境，以下我們就來檢視幾項要點。

實木嬰兒床

實木嬰兒床可使用至兩到三歲。這種安全且堅固的床，提供了孩子長時間使用同一張床的穩定感。

成年人需要大人的床，而嬰兒則需要適合小寶寶的床。有時父母會提出：「我們的孩子充滿好奇心。他經常動來動去，但嬰兒床看起來實在很窄。在我們夫妻的床上，他睡得很好，還是問題出在孩子的床鋪上呢？」等關於床的疑慮。

認為嬰兒在狹窄的床上會不舒服，是父母在觀察下會有的真實擔憂。儘管父母可能會認為睡不好孩子是因為床的關係，但事實上，床鋪本身並沒有錯。躺在嬰兒床上的不適，更可能源於不正確的睡眠習慣。

有些寶寶在自己的床上睡不好，但躺在父母的床上反而能夠很好地入睡。這種情況可能源於床上留有父母身上的味道，或者床墊本身非常柔軟，又或者孩子曾經在旁邊和父母一起睡過，從而獲得了舒適的體驗。這個意思就是，孩子睡不好，並不是因為嬰兒床不舒服。

很多父母會在寶寶一歲內換床2～3次，起初使用實木嬰兒床，當孩子開始翻身，再加上其他各種原因，例如：孩子看起來不舒服、擔憂孩子會不會碰撞到床鋪邊、床看起來狹窄等，大約會在三到四個月時更換成落地式沙發嬰兒床或兒童床。然而，給嬰兒使用兒童床，可能會讓寶寶的睡眠變得更困難。

至於使用落地式沙發嬰兒床的家庭，當寶寶在八到九個月大，活動力大增時，可能會開始嘗試扶東西站立，或者爬出床外。對自我控制能力還在發展的孩子來說，周遭的環境彷彿在告訴他：「不想睡就出來，不睡覺也沒關係。」

就像把電視遙控器交給一個缺乏自我控制能力的孩子，卻又要求他「自己限制看電視的時間」；或者給他一大袋餅乾，讓他想吃就吃、隨時都能拿，那麼結果可想而知——孩子不會符合我們的期待。

唯有在孩子培養好自我控制能力，約到兩歲半至三歲之後，已經可以在該睡覺時好好待在床上時，才適合將床換成沒有護欄的兒童床。

「我在孩子處於新生兒時期用過搖籃，從三個月會翻身後，便改用實木嬰兒床，如今孩子已睡滿二十八個月了。」「我們家的孩子是一個活潑的男孩，他在九個月時便早早地學會走路，目前身高97公分，比同齡的孩子更高，他對嬰兒床完全沒意見。」換床鋪對孩子來說就像要適應睡眠訓練一樣，同樣是件大事。

一般普遍認為，嬰兒床是供新生兒使用的床。因此，通常在嬰兒開始翻身的三到四個月之後，就會提前更換為幼兒的床鋪或較大的兒童床。但使用落地式沙發嬰兒床或直接給孩子一張單人床，都不是最好的選擇，對嬰兒來說，他們真的需要一張足夠安全的嬰兒床。

大床能夠提供更多自由伸展的空間，但對孩子小小的身體並沒有什麼幫助。

談到孩子的睡眠，讓孩子真正感到穩定的是實木材質、尺寸剛好的嬰兒床，床欄的高度至少應為80公分。請務必記住以下內容。

- **嬰兒床應選擇高圍欄的款式。**
- **我強烈建議，選擇可以調整床墊高低的產品，可以使用更長的時間。我們家嬰兒床的床墊自寶寶出生後，就一直維持在最高的位置，以保護我的腰部不受傷，直到寶寶開始坐和站時，才把高度調到最低位置。如今我的孩子已經超過兩歲，還在用這張床。**

白噪音機

有助於嬰兒睡眠的白噪音，有著許多優點。白噪音與嬰兒在子宮內聽到的聲音相似，透過白噪音刺激α波分泌，可啟動嬰兒自我安撫的作用。白噪音帶來的聽覺效應是睡眠循環的一部分，它告訴嬰兒「現在該入睡了」，能有效平撫嬰兒哭泣。此外，它包含了生活周遭噪音的頻率（涵蓋高頻到低頻），能掩蓋與阻擋環境噪音，讓對噪音敏感的嬰兒集中注意力，對睡眠非常有幫助。

由於嬰兒的睡眠很重要，因此父母應該學會適當使用白噪音，以保護嬰兒的聽力。以下將解釋白噪音的安全使用方法，根據美國兒科學會（ＡＡＰ）的指南，使用白噪音最需要注意的要點為：分貝音量、白噪音與嬰兒之間的間隔。

根據研究結果指出，在85分貝的噪音下暴露八小時，可能會對聽覺發育造成損害。然而，目前尚無關於白噪音對聽覺發育和損失的直接研究結果，但考量可能風險，我們建議遵從以下準則：

第一，請保持白噪音機與嬰兒之間至少兩公尺的距離。

第二，請確保白噪音的音量小於50分貝。若因難以安撫而暫時提高白噪音的音量，在嬰兒入睡後，請再次降至原始音量。50分貝是兩名成人進行正常對話的音量。如果不知道如何測量分貝，建議使用免費的分貝Ａｐｐ進行檢查。

第三，請確保白噪音機不在嬰兒的觸及範圍內，以防發生危險情況。

第四，建議使用白噪音機而不是手機、平板電腦等電子設備來播放白噪音，因為這些設備會產生電磁波。若嬰兒有天生的聽力問題，或者很難適應白噪音，那麼就不要使用白噪音。並不是非得用白噪音來進行睡眠訓練，在了解白噪音的好處後，照顧者應根據實際情況判斷可用性。

關於停止使用白噪音的時機，我們建議在孩子十二到十八個月之間，當然也可以更早結束。許多在成年後仍對噪音敏感或有失眠困擾的人，依然會使用白噪音。因此隨著孩子長大，只要有需要，仍可再次使用即可。

生活中隨處可聽見的環境音，其實對於尚無法區分日夜的新生兒來說，反而有助於入睡。但除此之外的人，若要在吵雜的環境中入睡，即使是平常睡眠良好的成年人，也是一大挑戰。

回想我們的童年，父母是否有為我們打造漆黑寧靜的睡眠空間呢？答案並非一定。然而，看看我們身邊的人，是否都已完全適應生活中的噪音、變得不再敏感？顯然也不是。

對於還在學習自行入睡的孩子而言，過多的噪音會讓本來就敏感的他們更難入睡。然而，要完全消除生活中的聲音、讓孩子在絕對安靜的環境中入睡，幾乎是不可能的事。即使在哄睡時提醒家人降低音量，也無法避免生活中持續出現的各種環境音。

若孩子對噪音很敏感，那麼父母該做的是尊重孩子的特質，而非透過增加噪音強迫孩子適應。更適當的方式是在一定程度上阻擋噪音，引導孩子進入更寧靜的睡眠。請勿盲目地試圖將孩子培養成一個「不敏感」的孩子，要做的是避免讓已經很難睡好的孩子，在更吵雜的環境裡入睡。

使用白噪音阻擋各式各樣的生活環境音，有助於讓孩子稍微平靜下來。白噪音將成為我們為孩子創造的一種睡眠儀式。當進入房間並播放白噪音時，孩子就會開始意識到：「嗯？這是睡覺時會聽到的聲音吧？」

包巾、連身睡袋

身為睡眠專家的我，強烈推薦父母在訓練未滿三個月大的嬰兒入睡時，使用嬰兒包巾。建議使用時期從新生兒時期，到嬰兒能翻身為止。

通常父母使用包巾時，可能會感覺孩子不太開心、不太喜歡，甚至認為這可能導致孩子更難入睡。包巾的使用目的，是為了減緩孩子的「驚嚇反射」，而這種反射通常出現在新生兒身上，多數會在三到六個月內消失。若新生兒缺乏驚嚇反射，我們會建議向醫生等專業人士咨詢，確認健康狀態。

如果我們的寶貝開始學翻身了，建議停止使用包巾。根據美國兒科學會的建議，在使用包巾的情況下（手臂被束縛）翻身，嬰兒會有窒息的風險。

請逐漸減少包巾的使用頻率，如果突然停止使用包巾，在沒有給孩子足夠適應時間的情況下，會對孩子的睡眠產生很大影響。我建議的方式是，在還沒有翻身的前提下，先將寶寶慣用的那一隻手（例如愛吸手指或吃拳頭的那一邊）露出來，嘗試一週白天與夜晚的睡眠。這段期間，孩子在輕輕搖晃露出來的那隻手的過程中，手部肌肉會逐漸適應沒有包巾的環境，避免被驚嚇反射嚇醒。

如果孩子在一週內適應良好，則建議拿出兩隻手。請注意，不是每天交換左右手，而是持續一週、先讓一隻手適應（露出包巾）。把手拿出包巾時，孩子的睡眠可能會稍微受到影響，但這是必要而安全的做法。

此外，我建議採用連身睡袋（腳部封閉型）。如果有適合孩子的尺寸，可以用到兩歲，把它當成「穿在身上的被子」即可。很多人會問：「一定要把腿包住嗎？」是的，我會這麼建議。

首先，這是為了保暖和防止孩子把被子掀開。睡覺時，被子打開的地方，有可能會捲起並覆蓋住孩子的臉。在這種情況下，也無法達到保溫效果。因此，包腿的連身睡袋最合適。再來，孩子八到九個月大時，若床欄太低，他們可能會嘗試抬起一條腿越過床欄，而使用連身睡袋便能防止孩子跨越床欄。但事實上，孩子至少要到兩歲半至三歲，才具備從床上獨自爬出來的能力，因此只要床欄夠高，就能避免孩子因為嘗試翻越而摔落。

光線控制

在媽媽的子宮中度過了整整十個月的嬰兒，在出生後無法區分白天和黑夜。在出生後的一個月內，可以透過在白天提供明亮的環境，晚上給予昏暗的環境，讓嬰兒意識到白天是活動的時間，夜晚則是需要休息的時間，幫助尚未發展出生理時鐘的嬰兒，能建立「日夜之分」的概念。

寶寶的生理時鐘在三個月前尚未發展完全，不過一般來說，在出生後六週左右，就會漸漸開始區分白天與夜晚。此時建議凡是孩子入睡時，不論白天或夜晚都要遮光，保持黑暗的睡眠環境；白天活動和遊玩時，則營造一個充滿陽光的環境，允許一定程度的生活噪音。若要讓白天和夜晚更明顯，建議可以對新生兒照明，特別是對無法區分白天和夜晚的嬰兒。

另一方面，名為「褪黑激素」的睡眠激素，有助於形成更深層且更長時間的睡眠。它需要在黑暗環境中分泌，因此請使用遮光窗簾或遮光床單讓孩子睡得更好。在睡眠環境中完全遮光，能帶來諸多好處。若孩子入睡時還能看到各種東西，例如房間中的陰影、玩具、圖卡、懸吊玩具、光線等，會讓入睡變成一個無比艱困的挑戰。

父母應確保孩子在完全遮光的地方，進行白天的小睡與夜晚長時間的睡眠。然而，正如前述所提，新生兒時期要透過區分白天和黑夜來建立生理時鐘，因此建議在白天保持明亮，在夜晚保持黑暗。

光是維持黑暗的環境，就可以給孩子明確的入睡訊號。若孩子在良好的狀態下準備入睡，並且在入睡前將環境變暗，孩子會很安心，因為他們可以預測白天小睡和夜晚睡眠的時間。孩子總是喜歡可預測的事情。

每個人的睡眠週期都是獨特的。人們會有較深沉的睡眠，也會有較淺的睡眠，這兩者會反覆交替。在應熟睡的夜晚讓孩子暴露在光線之下，可能會干擾睡眠週期的轉換，降低睡眠品質。

有研究顯示，黑暗中的睡眠有助於提升睡眠品質。根據《美國國家科學院院刊》（*Proceedings of the National Academy of Sciences*，*PNAS*）的研究，將二十多歲的健康受試者分為兩組，A組在兩天的實驗中，一天在黑暗中睡覺，一天在燈光明亮的地方睡覺；B組則是兩天都在黑暗中入睡。結果顯示，暴露於光亮環境的人，心率提升，第二天早上的胰島素抗性也增加。

即使房內的光線微弱，也可能對心臟造成不良的影響，並可能使血糖升高，因此睡眠時應避免暴露在任何程度的光線中。開著床頭燈入睡、保持臥室燈光明亮，或者一直開著電視等，這些都可能是不利於健康的危險因素，可能進而導致代謝異常而引發心血管臟疾病。

在諮詢過程中，許多家長會問：「我擔心孩子只能在黑暗的地方入睡，怕到了外面就沒辦法睡了。如果孩子變得太敏感怎麼辦？」大多數父母都希望孩子無論在哪都能安心入睡。然而，家裡本來就是要好好休息的地方，因為擔心在外面睡不好，而特意訓練孩子在明亮的環境中入睡，這已經是過度擔憂了。在與數千名兒童接觸中，我發現了以下的事實：

對於環境變化和光線敏感度不高的孩子，即使在外面也能入睡；對光線、噪音和環境變化較敏感的孩子，在外面會很難入眠。在我們家裡，孩子是在完全遮光的環境下入睡，但到了幼兒園或者在汽車座椅上也還是呼呼大睡。總而言之，在家裡最好給孩子完全遮光的睡眠環境。

嬰兒房攝影機

「跟寶寶在同一個房間睡覺，還需要攝影機嗎？」家長們經常這樣問我，我的答案是有必要。當然，無須購買能監控呼吸和心跳的多功能高階攝影機（美國兒科學會也不建議使用此類設備）。

孩子在白天或晚上睡覺時，我們不一定都會待在同一個房間裡陪他，所以，我認為有必要透過攝影機查看孩子在房間時，是否處於安全狀態。特別是在半夜，若我們想知道孩子是真的醒了，還是只是閉著眼睛發出哼哼唧唧的聲音，攝影機就能派上用場。

床鋪分離

我不建議嬰幼兒與父母同睡一張床，因為這樣做有風險，「嬰兒猝死症」即是其中一種可能。然而，這並不代表我提倡孩子與父母分開睡覺。很多父母以為，睡眠訓練的前提是孩子要獨立睡覺，事實並非如此。

正如前述所提，養育不到一歲寶寶的其中一個指南，是打造一個安全的睡眠環境，建議「同房不同床」。在同一個房間內，將父母與嬰兒的床分開即可。可以將嬰兒的床放在父母的床旁邊。孩子越小，越需要頻繁關注。

四個月後，雖然仍建議寶寶與父母同房睡，但是原本緊貼在一起的兩張床需要分開一點距離。這麼做是有原因的，父母睡覺時翻動身體與打鼾的聲音，可能會干擾嬰兒的睡眠。但只要寶寶習慣在自己的床上入睡後，即使改變床的位置（不緊挨在父母旁邊），對於他的睡眠也不會有太大的影響。

床上用品

為了為親愛的寶貝準備理想的睡眠環境，有許多必備的物品。你一定有想到可愛的嬰兒被和枕頭，對吧？不過，孩子兩歲以前，建議不要使用枕頭，以避免窒息的風險；被子也不建議，同樣會增加窒息的危險。許多強調能幫助嬰兒側臥或固定身體的產品，美國兒科學會都不推薦。因為當嬰兒翻身時，這些產品可能會堵住嬰兒的鼻子，讓他們沒辦法正常呼吸。就連韓國兒科學會的育兒訊息專欄〈預防嬰兒猝死症的方法〉也提到：

「**為降低嬰兒猝死症的風險，在購買產品時，需要多加留意。**嬰兒猝死症的相關報告顯示，使用睡姿定位器或特殊床墊，並不能降低嬰兒猝死症的風險。**用來固定嬰兒姿勢的產品，以及固定在嬰兒兩側的枕頭形狀枕墊，使用上也需相當謹慎。**美國已有因這類產品而死亡的案例，因此食品藥物管理局特別強調：不要使用這一類與幫助睡眠有關的物品。」

為了嬰兒的安全，請務必參考上述內容。

玩偶

很多父母都會想像自己的寶寶擁抱心愛玩偶入睡的可愛模樣。可愛的娃娃經常被當成出生的禮物或新生兒必備物品，我也曾在懷孕時收到一個玩偶。然而遺憾的是，美國兒科學會建議等到孩子一歲再使用這樣的產品。他們嚴格禁止在嬰兒床上使用任何「柔軟的物品」。

室內溫濕度

你知道溫度升高會增加嬰兒猝死的風險嗎？根據美國國家睡眠基金會（National Sleep Foundation）的建議，嬰兒房的建議溫度是20到22度，這是稍微涼爽的溫度。對容易感冒的我來說，會覺得有點冷。然而，當溫度超過22度，對寶寶來說，就過於炎熱了。溫度越高，嬰兒猝死的風險也會隨之增加。因此，美國兒科學會也建議室內溫度保持在22度以下。

除了調節溫度，嬰兒怎麼穿也很重要。若大人穿著短袖短褲，蓋上輕薄的被子時覺得很舒服，那麼也讓嬰兒這樣穿吧，並使用輕薄的睡袋或被單就好。

此外，嬰兒的手腳本來就會比其他部位更冰涼，因為它們位在身體的末端。不要單單檢查手腳的溫度，而要檢查嬰兒的體幹部位，例如頸脖、胸部和背部的溫度，如果流汗，代表嬰兒太熱了；如果摸起來涼涼的，對嬰兒來說就太冷了。

奶嘴

對於使用奶嘴，多數父母會有很多擔憂。如果寶寶不喜歡奶嘴，可能會很難安撫寶寶，這也是許多人共同的困擾；相反地，如果寶寶喜歡奶嘴也吸得很好，父母又會出現另一種矛盾的情緒，舉例來說：寶寶的牙齒排列會不會因此出現問題？會不會過度依戀奶嘴？日後戒奶嘴會不會很困難等。

談到新生兒睡眠，我個人傾向使用奶嘴。奶嘴可以滿足寶寶的吸吮需求，分泌一種名為「催產素」的幸福荷爾蒙，給寶寶滿足感與安全感。美國兒科學會提到，從寶寶一個月大開始，在睡覺時使用奶嘴，有助於減少嬰兒猝死症的風險。

建議等嬰兒出生後至少2到3週後，再開始使用奶嘴。特別是喝母乳的寶寶，因為可能會有乳頭混淆的問題，最好等母嬰雙方都建立起穩定的依附關係後，再開始用奶嘴。

長期使用奶嘴的確有缺點，像是牙齒排列不整、中耳炎等問題，但多半都是在四歲後才會出現。根據美國家庭醫學會和美國兒科學會的建議，為了預防中耳炎，可以在孩子六到十二個月大時逐漸停用奶嘴。但出於對嬰兒健康和心理穩定的考量，請不要過於草率停用，也不需要因為擔心衍生的問題，在孩子相當小時就強硬戒除。

奶嘴可以在嬰兒外出、入睡前或玩耍時使用，這都沒有問題。不需要擔心長大後離不開奶嘴，在我們的睡眠訓練經驗中，即便孩子很渴望吸奶嘴，通常也可以在一週內輕鬆戒掉，父母不用太掛心。

若孩子對奶嘴有強烈的依賴，建議可以將奶嘴視為一種「睡眠聯結物」（也就是入睡時習慣依賴的物品），並透過循序漸進的方式協助孩子戒除。即使成功戒掉奶嘴，將來在日常生活或入睡過程中，孩子仍可適度使用，因此爸媽不必對「一邊使用奶嘴一邊哄睡孩子」感到壓力。

許多父母在進行睡眠訓練時，會帶著「一定要盡快戒掉奶嘴」的罪惡感使用它，但其實不必過度焦慮。雖然有一些睡眠訓練方法會強調避免依賴安撫物，包括奶嘴，因此有些父母會擔心，讓寶寶吸奶嘴入睡會影響訓練效果。但其實，奶嘴能協助寶寶入睡，不需要急著立刻戒除。

以上是為孩子打造安全睡眠環境時，需注意的幾項重點。從孩子出生的那一刻起，安全的睡眠空間就是最基本的需求之一。請牢記有助孩子安心入睡的環境原則，並仔細檢查寶寶的睡眠區域。

睡眠訓練的目的，是為了幫助有睡眠困難的孩子，建立一個安全且良好的睡眠環境，讓他們在來到這個世界後，能享有理想的睡眠品質。比起處於光線複雜、噪音不斷的空間，在一個安全、清潔的環境中進行睡眠訓練，顯然更加理想。再次向各位強調，安全的睡眠環境對於睡眠訓練有多重要，期盼每一位父母都能謹記在心。

乾淨才能舒適！睡前的衛生檢查時間

洗澡

建議每天都要幫新生兒洗澡。從護理學的角度來看，洗澡有助於促進嬰兒的新陳代謝，並且能夠清除代謝廢物。同時，這也是檢查嬰兒皮膚和身體的重要時間。建議洗澡時間約為5到10分鐘，當然，每一個父母幫孩子洗澡的速度不同，依照實際情況調整即可。在睡眠訓練中，我們非常推薦在晚上入睡前洗澡，以下分享幾點原因：

首先，它可以讓孩子了解睡前維持衛生習慣的重要。睡眠前的衛生習慣，指的即是入睡前進行的衛生行為。以成年人來說，這些習慣包括刷牙、洗澡、洗臉、換睡衣等，對孩子來說也是如此。父母可以透過清潔孩子嘴巴中殘留的配方奶或母奶、擦拭腋下與頸下等皮膚皺褶處、換乾淨尿布、擦拭臀部、清潔整天可能悶熱的部位等，讓孩子感受到身體的舒適感。透過這樣的習慣，讓孩子知道要把身體整理乾淨，以迎接放鬆的睡眠時間。

第二點，透過母親與嬰兒之間的肌膚接觸，可以給予嬰兒幸福感和安全感。在入睡前給孩子安心的感受，也可以成為睡前儀式的一部分。

第三點，白天和晚上的睡眠儀式，需要有一定程度的區別。洗澡是在晚上睡覺前才進行的活動，一旦嬰兒明白這件事情，就能簡單地建立起連結。因為一天只會洗一次澡，孩子洗澡時，就知道「睡覺時間到了」。

然而，如果嬰兒的皮膚非常乾燥，或者由於特殊情況不適合每天洗澡，例如每隔一天洗一次澡，那麼在沒有洗澡的日子，可以讓嬰兒穿著衣服，坐在未加水的兒童浴盆裡，用溫水沾濕的毛巾輕輕擦拭皮膚摺疊的部位。

總而言之，重複同樣的流程很重要，每天都要進行洗澡儀式，雖然不需要每天都固定同一時間，但建議在相近的時段進行。

此外，嬰兒的胎脂或頭皮角質屑在一段時間後會自然脫落，或者在洗澡過程中因濕氣而脫落，不用強行去除。

眼屎

如果硬是清掉新生兒的眼屎，可能會不小心傷害到寶寶敏感的眼睛和肌膚，清理時務必保持輕柔。洗澡時間是適合清理的時機，但若距離洗澡時間還有一段時間，可以先用乾淨的手帕沾水或消毒生理食鹽水清潔。

在清洗寶寶的眼睛時，最重要的是從內眼角往外眼角擦拭，而不是從外往內擦拭。此時，如果繼續使用已擦過眼睛的紙巾或毛巾，可能會存在感染風險，因此記得避開擦拭過的地方，務必用乾淨的部分清潔。

鼻子

寶寶的鼻子裡可能會有異物。當空氣乾燥時，容易產生乾硬的鼻屎，這可能會讓寶寶感到呼吸不順。洗澡時，空氣中的濕氣會自然地讓鼻屎軟化，這時候，可以使用濕棉花棒輕輕擦拭寶寶的鼻孔周圍，注意不要太深入。若不小心用力戳到深處，建議尋求兒科醫生確認安全性。當寶寶流鼻水或感冒時，請注意擤鼻涕的壓力，避免對寶寶的耳膜產生過大壓力。

肚臍

事實上，國外專家並不建議使用酒精棉球清潔嬰兒的肚臍。不過，這部分可能會因兒科醫生或寶寶的狀況而有不同建議，因此在出院前或離開產後護理中心之前，建議向專業醫療人員諮詢。在臍帶脫落前，應保持寶寶的肚臍乾燥，並注意將尿布的邊緣摺起，避免觸碰肚臍。如果出現分泌物，請使用沾濕的棉花棒吸收掉，並盡量保持乾燥（每天重複二到三次）。如果出現紅腫、皮膚腫脹、異常分泌物等情形，或者有異味，務必前往兒科就診。

指甲

嬰兒的指甲很薄，卻非常銳利。我們家寶寶在出生後三個月內一直使用嬰兒手套，即使不戴手套後，指甲仍然很銳利，因此需要常常修剪。建議可以使用指甲剪或修指甲器，修剪成圓形後再稍微磨一下。我們家大寶在小的時候，臉上經常因為指甲而刮出傷口。尤其在五個月大時，情況特別嚴重。兒科醫生解釋，因為孩子正處在探索身體的時期，導致經常在皮膚上留下傷痕，父母不用太擔心。如果對此感到擔憂，嬰兒手套是很好的物品。

寶寶哭鬧的安撫妙招與「吃玩睡」循環

5S安撫法

如果嬰兒包上包巾後迅速入睡，我建議等他們完全穩定後，再把嬰兒放回床上。以下介紹一種對於三個月以下嬰兒有效的「5S安撫法」，能有效安撫嬰兒。

首先，5S安撫法由五個穩定嬰兒的方法組成，務必按順序執行這些步驟，如果在第一步讓嬰兒冷靜下來，就不用進行下一步。一般的情況下，嬰兒在第三到四步時就可以冷靜下來，如果沒有成功，可以繼續往下一個步驟嘗試。

第一個S是Swaddling（包裹）。僅僅是包覆住嬰兒，就可以安撫他們。但如果嬰兒包上包巾後，仍感到不舒服、持續哭泣，請進到第二個S。

第二個S是Side／Stomach position（側臥抱／趴臥抱）。側臥抱的姿勢，不是面對面抱著嬰兒（傳統搖籃式抱法），而是讓嬰兒的臀部與背部貼近媽媽的腹部，這時嬰兒的臉會朝向外側（不看向媽媽）。趴臥抱則是將嬰兒的臉朝下，身體趴在媽媽的手臂上。如果這個姿勢無法安撫嬰兒，請進到第三個S。

第三個S**是**Shushing（**噓聲**）。比起使用白噪音，更建議由父母在嬰兒的耳朵旁發出噓聲。噓聲需要達到相當的分貝（約65分貝左右）才能有效緩解哭聲。噓聲是模仿嬰兒在子宮中聽到的聲音，可以很有效地讓寶寶穩定下來；相比之下，寂靜狀態可能沒辦法有效安撫嬰兒，反而會刺激他們、讓他們更興奮或不安。如果在保持側臥抱／趴臥抱姿勢下，且持續發出噓聲數分鐘後，仍未能成功安撫嬰兒，就可以進入第四個S。

第四個S**是**Swinging（**搖晃**）。指透過前後輕搖或小心地移動寶寶的身體來進行安撫。這個方法的提出者建議，在側臥抱／趴臥抱姿勢中，微微搖動嬰兒的頭部，就像微震動一樣，可以有效安撫嬰兒。如果安撫後嬰兒就不哭了，即可把孩子放下來。但如果仍在哭泣，請進到最後第五個S階段。

第五個S**是**Sucking（**吸吮**）。使用奶嘴，或是讓孩子吸吮清潔過的媽媽手指，這通常會非常有效。對於不喜歡吸奶嘴的嬰兒，可以給孩子吸吮媽媽的手指頭（務必先清潔手指、修剪指甲），輕輕刺激嬰兒上顎中央。這樣做會刺激吸吮反射，嬰兒會在吸吮的同時得到安撫。

嬰兒腸絞痛和寶寶按摩

嬰兒腸絞痛，通常是指四個月以下的嬰兒出現無止盡的哭鬧狀況，每天持續超過三個小時、每週發作三天以上，並持續超過三週。當嬰兒出現無法安撫的突發性哭鬧時，父母可以懷疑是否為腸絞痛所引起。腸絞痛可能發生在任何時間，但通常較常出現在午後至傍晚之間。

消化問題、便秘、過敏、喝奶過少或過飽、喝奶時吸入過多空氣，或者處於不安穩的環境中，這些都是嬰兒腸絞痛背後的可能原因。

腸絞痛的觀察重點：

- 無明顯原因下反覆激烈哭鬧
- 頻繁地拉動雙腿
- 排氣次數明顯增加
- 排便次數過多或異常頻繁

即使孩子睡得好、吃得好，卻經常在清醒時無故大哭，且表現出頻繁拉伸動腿的行為，也一直在放屁，這很可能就是孩子在表達：「我的肚子不舒服，肚子好痛！」若判斷孩子正在經歷腸絞痛，可以學習一種有效而自然的方式來緩解，那就是「嬰兒按摩」。

嬰兒按摩不僅適用於緩解腹痛，還可以溫和觸摸嬰兒的皮膚。此外，它也是與嬰兒進行互動的方式，可以讓爸媽和孩子一同度過美好時光，讓彼此都感到幸福。由於嬰兒的消化系統尚未完全發育，因此他們難以自行舒緩消化不良的狀況。嬰兒按摩有助於減少嬰兒的壓力荷爾蒙，並有效緩解便秘和生長痛。

嬰兒按摩的三個步驟

第一步：將平時使用的嬰兒乳液或按摩油，少量塗抹在寶寶的肚子上。雙手以手刀的姿勢（手掌側邊）放在兩側腰部，沿著肋骨，朝腹部中央，輪流用雙手輕輕劃過按摩。

第二步：用指腹在寶寶的肚子上，以順時針方向畫圓，進行腹部按摩。

第三步：彎曲寶寶的膝蓋，輕握他的雙腳，輕輕地朝向腹部推壓。一開始先朝正面推壓，接著再交替朝左右方向推壓。注意，臍帶已經脫落而且肚臍完全癒合的寶寶，才可以進行此按摩動作。

除了嬰兒按摩，還有其他可以緩解、預防腹痛的方法，例如檢查配方奶粉是否合適，如果不合適可以更換。另外，可以調整奶量，不要給寶寶喝太多。同時，哺乳或奶瓶餵食時，應確保嬰兒吸吮的方式和姿勢正確，並給孩子適合的奶瓶和奶嘴，避免吸入太多空氣。

試著在餵食後調整寶寶的姿勢，也可能有助於舒緩不適。如果寶寶平常喝完奶都是被抱著，可以嘗試讓他坐起來、背部挺直等，找出最適合寶寶的姿勢。此外，適度與寶寶互動遊戲或補充益生菌，也有助於減輕腸胃不適。在白天活動或睡眠時為寶寶營造舒適安穩環境，也有助於降低發生機率。

巫婆時間

巫婆時間的英文是「Witch Hour」，通常指的是寶寶「白天最後一次小睡」到「晚上入睡前」約三個小時左右，這是寶寶最容易發脾氣的時間。在這個時候，寶寶的狀態通常不太穩定，他們可能會反覆鬧情緒、飢餓、想睡，或者只想被抱著。科學家們嘗試找出背後的原因，但目前仍然沒有定論。有些理論推測，這可能是源於白天累積過多疲勞造成。

爸媽可以感到安慰的是，隨著寶寶月齡的增長，寶寶在巫婆時間的情況會逐漸好轉。寶寶出生前三個月會最明顯，之後就會慢慢穩定下來。以下將介紹一些有效對付巫婆時間的方法。

- 準備寶寶喜歡的玩具。像是懸掛玩具、固齒器、搖鈴等，分散他們的注意力。
- 推嬰兒車外出散步。特別是在最後一次小睡之前，是很好的時機。一般來說，寶寶在這段時間特別容易發脾氣，愛散步的寶寶可以在這個時候變換環境、小睡一會兒。如果寶寶不容易睡著，破例使用寶寶的睡眠物品哄睡也可以，因為不會天天這麼做，不必擔心會養成習慣。
- 進行溫暖的沐浴。睡前沐浴有助於放鬆緊張的肌肉，讓寶寶在夜晚睡得更好。
- 媽媽專注的餵奶可以讓寶寶平靜、緩解飢餓的感受，有助於改善他們的狀態。

「吃玩睡」好眠循環

「吃玩睡」循環在嬰幼兒的作息中時常被提及，雖然看似再簡單也不過的基本生活規律，但事實上，還是有很多寶寶會在養成這個規律的過程中遇到困難，讓父母感到困惑與苦惱：

「既然是『吃玩睡』，表示吃飽後一定要過一段時間才能睡覺嗎？」

「中午小睡醒來後，應該馬上喝奶才是『吃玩睡』嗎？」

「為什麼我們家寶寶每次都吃飽了就睡著，不會『吃玩睡』？」

「為什麼一定要照著『吃玩睡』的規律？」

即便是「吃、玩、睡」這樣看似單純的模式，實際執行起來卻可能遇到各種情況，還會直接影響寶寶的睡眠，是讓許多家長傷腦筋的難題。以下是一則與此有關的案例分享：

有位朋友的朋友因為孩子的睡眠問題前來諮詢。當我們了解狀況後著實吃了一驚——這位五個月大的寶寶，每天早上6點起床，一直到晚上9點，中間竟然完全不小睡。真的是一位非常「不愛睡覺」的寶寶啊！要讓這樣的孩子好好入睡，對父母來說確實是很大的挑戰。

透過長達一個多小時的諮詢，我們發現孩子的「吃、玩、睡」節奏並沒有建立起來。這位媽媽是完全親餵，每當寶寶表現出要喝奶的樣子，就會開始餵奶；而寶寶常常一邊閉著眼、一邊吸奶。當他發出咿呀聲時，媽媽會以為是還沒喝飽，就繼續餵他，但寶寶可能只喝幾分鐘就停了，接著一兩個小時後又重來一次，斷斷續續維持這種哺乳模式。

很多人認為：「雖然眼睛閉著，嘴巴還在吸奶就是醒著吧？」但其實，由於吸吮反應的緣故，嬰兒在睡著時也能持續吸奶。如果寶寶喝奶時眼神渙散、眼睛半閉，或呈現呆滯狀態，很可能其實已經在打瞌睡了。長期下來，這樣的進食模式會導致寶寶白天淺眠、難以延長小睡，甚至夜間仍需頻繁夜奶。

我向這對父母解釋了「吃、玩、睡」的重要性，並指導他們如何透過適時喚醒寶寶，讓他在餵奶時保持清醒，進而建立穩定的進食與作息。結果，孩子的白天睡眠時間成功延長至每天3至3個半小時，起床時間調整為早上7點、晚上8點就寢，整體狀況大有改善。

隨著孩子的作息固定，媽媽的育兒壓力也大幅降低。她能夠依照可預測的作息規律育兒，孩子也不用再過著紊亂的生活。

事實上，「吃、玩、睡」非常重要，對孩子的睡眠有深遠的影響。該吃的時候專心吃，該玩的時候盡情玩，該睡的時候好好睡——這就是「吃、玩、睡」的核心理念。

我們建議，不需要早上孩子一睜開眼就立刻餵奶，等他甦醒後5到15分鐘再進行，確保孩子是真的清醒了。如果孩子起床時還沒到餵奶時間，也不用急著進食。如同大人有早晨、中午和晚上的區別，「吃玩睡」的意思，也不表示一睡醒就必須立刻吃東西，還是要在合適的時間進行。

雖然是「吃玩睡」循環，但事實上，即使調整為「玩、吃、玩、睡」或「吃、玩、睡、玩、睡」也沒有問題。許多父母也都是以「玩、吃、玩、睡」的作息，來安排寶寶一天的生活。

其中，「吃飯與睡覺分開」是「吃、玩、睡」最重要的原則。與其讓寶寶邊吃邊睡，或吃完馬上睡，更建議在餵奶後保留一段清醒的活動時間。儘管餵奶的時間和間隔可以彈性調整，但在建立作息時，更應重視的是「睡眠時間」。睡眠是清醒時間的延伸，這樣的節奏應該由孩子主導，而非完全由大人安排。

如果寶寶已有固定的餵奶時間，也可以調整為小睡醒來後先活動一下，再喝奶，接著再玩一下後入睡。或者是，醒來先玩一下，再餵奶、然後繼續玩耍，最後再進入小睡。在這些安排中，建議將餵奶時間安排在小睡前20分鐘，目的是為了切斷「吃奶＝睡覺」的聯結。

此外，「吃、玩、睡」還有一個鮮為人知、但非常重要的要素——那就是「父母的休息時間」。我們可以用英文單字「EASY」來表示完整的「吃玩睡循環」。

「吃玩睡循環」的四大要素

E：Eat（吃）
A：Activity（活動／玩）
S：Sleep（睡覺）
Y：Your time（你的時間）

在一天的生活中，沒有比擁有自己的時間更重要了。就我個人而言，我非常重視孩子的小睡，因為在這段時間內，我可以做自己想要做的事。這樣一來，等孩子醒來後，我才能更加全心全意地陪伴他們。

爸媽也是人，在育兒過程中，體力和精神狀態也會損耗。雖然善用時間很重要，但我不建議趁孩子小睡時來清洗碗盤或整理家務，這些事情建議等晚上孩子入睡後，再和伴侶一起分工完成。

育兒就像一場馬拉松，為了在孩子清醒時能夠提供更高品質的陪伴，請確保孩子小睡時，自己也能得到休息，喝杯咖啡、吃點點心、追追劇、讀本書或打開YouTube都可以。身為父母的我們，必須在每次的「吃、玩、睡」中，給自己一段紓解壓力的休息時間。

調整餵奶時間，讓寶寶更能輕鬆入睡

什麼是餵奶間隔？如果寶寶餓了，應該多久餵一次？餵奶間隔指的是從第一次餵奶開始，到下一次餵奶開始的間隔時間。假設第一次餵奶是早上7點，並在早上7點30分結束；再來第二次餵奶是在上午10點15分，那麼這個寶寶的餵奶間隔就是3小時15分。

重要的是，每個寶寶都很獨特。有些寶寶可能有很強烈的吸吮慾望，喜歡吃東西、消化能力強、吃得很好，即便吃飽了也很快又感到餓。但也有些寶寶可能在吃完後會嘔吐。在這種情況下，父母可能會因為無法確切掌握餵奶量或餵奶間隔而感受到壓力。

餵奶間隔和餵奶量，在醫療專業上有標準的建議，因此最仔細的方式是根據寶寶的出生體重、成長發育速度和體重變化，與兒科醫生進行專業討論。以下將介紹美國疾病管制與預防中心針對「餵奶間隔」所發表的相關資訊：

美國疾病管制與預防中心發布的餵奶間隔相關資料

喝母奶的新生兒，第一天可以每1到3小時餵一次。如果想要採全母奶，建議在孩子出生的第一天不要給予配方奶。在新生兒階段的第一個月，全母奶的寶寶可以每2到4小時餵一次，但建議還是要根據寶寶的需要彈性調整。

喝配方奶的新生兒，出生第一天可以每2到3小時，給予30到60毫升的奶量。實際上可根據寶寶飢餓的狀態增加奶量。在全配方奶的情況下，每天需要進行八到十二次餵食。第一週後，餵奶間隔可以增加為3到4小時一次。

根據韓國兒科學會的建議，針對六個月大的嬰兒，需要漸漸增加到每天四到五次、每次180到240毫升的奶量。這段期間，最重要的是定期做兒童健康檢查，根據寶寶的體重、餵奶量和餵奶間隔，諮詢兒科醫生的建議。

寶寶的餵奶間隔、該喝多少等資訊，經常讓許多父母感到苦惱。某些專家可能會建議：三個月大的寶寶應該要有固定的餵奶間隔；其他專家可能又會建議：從兩個月開始，就應該增加寶寶的餵奶間隔；或者當奶量足夠時，餵奶間隔可以延長到四個小時。許多時候，父母們完全相信並遵從這些建議，結果出現很多難以應付的情況，像是：寶寶因為過度疲勞而難以入睡，或者在吃到一半時睡著等狀況。

我雖然擁有醫學專業機構核發並認證的美國睡眠訓練資格證書，但在準備資格證書的期間，仍然經常被再三叮嚀──「睡眠顧問不是醫學專業人員，因此不能提供餵奶相關建議，餵奶屬於專業的醫療建議。」

身為一位專業的護理師，我知道要為寶寶訂下平均餵奶量和總量，必須考慮寶寶的體重、生長發育狀況、身高和發育速度。我也曾經初為人母，因此可以充分理解，希望有人直接為你訂下餵奶量和餵奶間隔的心情。然而，每個寶寶需要的餵奶間隔和哺餵奶都不同，對於外界的建議，請務必參考就好。

在進行諮詢時，我通常會建議四個月以下的寶寶，哺乳間隔基本上為2.5到3小時（如果寶寶重吃的話，可能會是每2小時吃一次）。從四到五個月開始，則建議每次餵奶間隔4小時，這是因為隨著清醒時間的增加（增加到2小時到2小時15分左右），寶寶已經可以進行有效的「吃玩睡」循環。每個寶寶的餵奶量都不同，曾經有家長問我，為什麼建議的餵奶間隔比一般更短？原因如下：

從寶寶兩到三個月開始，如果將餵奶間隔拉長到4小時，就無法進行有效的「吃玩睡」循環。因為在這個時期，寶寶能夠保持清醒時間非常短暫。在後面我會用表格的方式，呈現寶寶每4小時喝一次奶時的一天作息安排。這是以三個月寶寶為例子，清醒時間可能短至90分鐘，長至2小時。

如果寶寶在白天小睡了1小時30分鐘，而餵奶間隔為4小時，在這種情況下，因為寶寶睡醒後距離下一次餵奶還很久，就可能會出現寶寶喝完奶沒有玩耍又立刻睡覺，或者餵奶時間到了但寶寶睡著必須跳過一次餵奶的情況。

此外，這個年齡的孩子，多數還是會在半夜喝奶，但由於胃口還很小，一次只能喝一點點。因此，為了增加白天的總攝入量，建議把餵奶間隔訂在2小時30分鐘到3小時。這時候，父母可能會遇到以下問題：

「老師，我們的寶寶很重吃，三個月大，一次就要喝200毫升。半夜不需要餵奶，白天有喝飽就睡得很好。維持4小時的餵奶間隔可以嗎？」（總量800毫升，夜間不需要餵奶，白天餵奶4次）

我的答案是，當然可以。之所以要縮短餵奶間隔，原因即是考慮到「吃玩睡」

的作息安排與夜間餵奶。

但若是以下這種情況，我們就需要考慮一下。

「老師，我們的寶寶三個月大，根據網路上的建議，我們已經把餵奶間隔延長到4小時，目前一次餵奶量大約是150毫升。寶寶在半夜也喝了大約150毫升的奶。由於喝完奶後很難入睡，因此白天至少會打瞌睡兩次。請問該如何安排餵奶時間？」（白天總奶量為150×4=600，夜間餵奶150毫升，總共750毫升，白天餵奶4次、夜間餵奶1次）

我建議把餵奶間隔縮短到3小時左右。首先，由於無法進行「吃玩睡」循環，加上每次餵奶量較少，白天的總攝入量僅為600毫升，寶寶可能還是會餓，甚至到了半夜也還要再喝150毫升的奶，所以我建議調整餵奶時間。隨著寶寶的成長和清醒時間逐漸增加，餵奶間隔會自然延長。餵奶時間的標準，應該以寶寶清醒的時間為基準。

請記住，不要強迫孩子延長餵奶間隔，因為隨著寶寶的成長，餵奶間隔會自然增加。掌握餵奶間隔的原因，是為了確保孩子有充分的吃、玩、睡，也喝到足量奶，讓孩子健康發育和成長。請不要過分執著於餵奶的時間，也不用勉強孩子延長餵奶間隔。

我們可以這樣思考，即便是成年人，也並非都會準時在7點用餐，有時可能會提早半小時，有時會延後半小時。半小時的時間，是合理的彈性範圍。孩子在迅速成長的階段，喝奶量可能會激增；成長較慢的時候，喝奶量可能會明顯減少。父母過於執著喝奶量，可能是擔心「假使孩子沒有喝到這樣的量，今晚可能會不好睡」，因而在白天強迫孩子多喝一點（我也有過同樣的經歷）。

邊喝邊睡的狀況也很常見。由於寶寶的吸吮反射，孩子可以在喝奶的同時進入夢鄉。或許，現在看來沒有太大的問題，但若養成這種習慣，長大後繼續在夜晚吸著奶嘴入睡，或者持續需要在深夜喝奶，可能會對孩子的牙齒產生不好的影響，也可能增加兒童肥胖的風險。因此，請從一開始就培養正確的習慣。

餵奶間隔4小時，3個月寶寶的一日作息

作息	時間	主要活動
早上醒來	7:00	
第一次餵奶	7:15~7:30 (150ml ~200ml)	
小睡1	8:30~10:00	試著讓小睡持續1小時30分鐘。
第二次餵奶	11:15 (150ml ~200ml)	
小睡2	11:40~12:40	必須在餵奶後立刻讓寶寶入睡，因為清醒時間不到2小時，而餵奶間隔為4小時。雖然目前勉強還能配合，這次小睡預計讓他睡1小時，若只睡30～40分鐘，小睡時間就會與下一次餵奶重疊！
小睡3	14:25~15:00	必須讓寶寶再次小睡。此時寶寶可能會因為餓，導致小睡無法延長，或者很難入睡。
第三次餵奶	15:15 (150ml~200ml)	
小睡4	16:50~17:30	最後一次小睡
第四次餵奶（最後一次）	19:00 (150ml~200ml)	很多家長會在寶寶2到3個月大時，試圖拉長餵奶間隔，但這樣反而會增加夜間餵奶需求。若寶寶尚需夜奶，建議將餵奶間隔縮短為2.5至3小時，讓「吃玩睡」循環更順暢。白天也可適度增加奶量，原本每4小時180毫升、一天4次720毫升，改為每3小時160毫升、一天5次，白天總量800毫升。
晚上入睡	19:30	

好眠建議：餵奶間隔3小時，3個月寶寶的一日作息

作息	時間	主要活動
早上醒來	7:00	
第一次餵奶	7:15~7:30 (150ml~180ml)	
小睡1	8:30~10:00	只睡30分鐘也沒關係，這時，寶寶的吃玩睡循環已進入軌道。如果孩子沒有特別早醒，就不用刻意控制孩子睡覺的時間。
第二次餵奶	10:15 (150ml-180ml)	現在可以進行吃玩睡的循環了。如果小睡1只睡了30分鐘，在9點醒來的話，可以進行適量的活動後再喝奶。
小睡2	11:40~12:40	這次的小睡只讓他睡1小時。
第三次餵奶	13:15 (150ml~180ml)	醒來後進行30分鐘以上的活動，然後進行吃的時段。
小睡3	14:25~15:00	這次小睡只讓他再睡一個睡眠週期。如果他想多睡一點，可以在餵奶時段前叫醒他。
第四次餵奶	16:15 (150ml~180ml)	醒來後活動1小時15分鐘，然後餵奶。讓寶寶打嗝後，約20分鐘後就進入睡覺的流程。
午睡4	16:50~17:30	最後一次小睡
第五次餵奶（最後一次）	19:00 (150ml~180ml)	將3小時的餵奶間隔縮短至2小時45分。每個寶寶的進食速度和吐奶情況不同，餵奶間隔控制在2.5到3小時的範圍內即可。
晚上入睡	19:30	180×4小時的餵奶間隔，4次餵奶=720毫升 150×3小時的餵奶間隔，5次毫升=750毫升 儘管餵奶間隔的時間減少，但吃玩睡的循環更加順暢，而且一天的總餵奶量更多。

孩子需要戒夜奶嗎？該如何戒除？

夜間餵奶（簡稱夜奶），指的是從嬰兒晚上最後一次喝奶到隔天早晨第一次喝奶之前，對孩子進行的餵奶行為。孩子因為無法忍受空腹10到12小時，因此需要喝奶，這可能是因為真的「餓了」，也可能是「習慣」或者僅為「安撫」。

從剛出生到僅一個月大的新生兒時期，即使嬰兒不是因為飢餓而醒來，為了預防嬰兒脫水，仍應把孩子叫起來喝奶。新生兒時期結束後，除非兒科醫生特別要求，否則無需刻意叫醒餵食。

夜奶的量通常要與白天喝奶的量相近，或者少一點會更好。如果嬰兒通常白天每兩個半到三小時進食一次，每次攝取100毫升，那麼夜奶的量應為100毫升或更少，約為70到80毫升。

夜奶的重點在於「不要讓寶寶過飽」，以免影響到白天的總餵奶量。以下用案例來說明：

智厚是一位四個月大的寶寶，我們在過去一個月內進行了睡眠訓練，現在他在白天和夜間都能自行入睡。體重也很正常。但是，智厚的媽媽有一個煩惱，那就是到五個月大時，夜間仍然要餵奶兩次。一般來說，如果寶寶能夠自行入睡，夜奶次數就會逐漸減少，但事實上是，智厚媽媽的疲勞感，一天比一天嚴重。

實際上，智厚一整天的餵奶模式是這樣的：白天總餵奶量為550毫升左右，夜間餵奶量為300到400毫升。這個年齡的寶寶每天應該攝取約900毫升的奶量，但因為智厚在夜間攝取了相當多的分量，導致白天的餵奶量難以增加。

後來，智厚媽媽增加了早晨第一次和最後一次的餵奶量，並確保白天有增加足夠的奶量。結果，智厚在接下來的兩個禮拜內，成功將夜奶的頻率減少到只剩下一次，奶量也減少至70到100毫升。

年幼的寶寶，一次能攝取的奶量比較少。請檢查餵奶間隔是否過長，以及孩子是否在喝到一半時就睡著了，這些都可能是白天餵奶量不足的原因。

至於「戒夜奶」，爸媽們都有不同的看法，這是一個充滿爭論的話題。

「孩子很習慣半夜喝奶，如果以後無法戒掉夜奶該怎麼辦？」

「聽說三個月大時就應該戒掉夜奶了，當長出第一顆牙齒時就一定要戒掉。開始吃副食品時，晚上就絕對不能再喝奶了。」

這樣的說法真的正確嗎？我接觸過許多孩子，大多數情況下，戒夜奶並不是父母的選擇，而是在孩子準備好時自然而然就會停止的事情。截至目前，我的諮詢案例中，由父母強迫戒夜奶成功的案例屈指可數。當然，也有過刻意減少夜奶，進而成功讓寶寶戒斷的經驗。

假設有十個在喝夜奶的孩子，如果他們在白天攝取足夠的奶量，約有八到九個會自然而然地不再找奶，多數孩子會自然戒掉夜奶。不再需要夜奶，意味著孩子不會因為飢餓而醒來，即使醒來，也會自行再次入睡，整晚都能好好地睡覺。

如果孩子餓了，父母卻故意不餵奶，或以其他方式試圖讓孩子回去睡覺，這並不表示已經成功戒掉夜奶。很多時候父母只專注於「不讓孩子半夜喝奶」，卻沒有弄懂問題的核心，忽略孩子需要在半夜起來喝奶的原因，僅強行用其他方式哄睡孩子。如果只專注於戒夜奶，而讓孩子忍著飢餓入睡，這會讓入睡變得更加困難。已經長大的我們，也都有因為太餓睡不著的經驗吧？

有些嬰兒在出生後兩個月就會自然而然地戒掉夜奶，但在諮詢中，我們也曾經遇到六個月或更大的嬰兒，仍會在晚上起來喝奶。一般來說，嬰兒在五個月需要喝夜奶，多數是因為白天奶量不夠；但六個月以後的嬰兒，還需要夜奶通常是由於睡眠問題，而與奶量無關。

如果孩子每次入睡困難、半夜醒來時，大人就認定他餓了並給奶再哄睡，將導致其實並不餓的孩子，也開始依賴夜奶來入眠。

總而言之，為了成功戒夜奶，白天餵奶量一定要足夠。此外，為了避免孩子非必要地醒來，也要培養孩子自行入睡的習慣。

逐漸減少夜奶的小祕訣

一般來說，當孩子發展到白天能充分攝取足夠奶量的階段，夜奶的需求自然會慢慢減少。如果孩子已經建立了自行入睡的習慣，白天也吃得足夠，但夜裡仍會討奶，父母可以試著依照以下步驟來調整：

①嘗試戒除夜奶的第一天，請將原來的夜奶量減少約20毫升。如果減少後孩子會

餓，可以先減少10毫升，並維持2到3天。

②如果減少以後，孩子也能入睡，請繼續逐次遞減10到20毫升。每次減少一定的量，請至少維持2到3天，觀察寶寶的適應情況。

③如果夜間餵奶量已經減少到只剩下50到60毫升，可以嘗試不餵奶，看看孩子是否仍然能夠入睡，如果安撫15分鐘以上仍不見效果，不要勉強，請過2、3天後再重新嘗試。

戒夜奶的關鍵，不是要突然之間停止夜間餵奶，而是逐步減少奶量，讓孩子先適應較少的進食量。另一方面，隨著夜奶的減少，白天的攝取量也應該要相對增加。

「夢中餵奶」會影響孩子的睡眠嗎？

夢中餵奶（Dream Feed），指的是在孩子沒有清醒的狀態下，由父母主動進行的餵奶行為，這種方式的主要目的，在於讓父母擁有較完整的睡眠，而非滿足寶寶即時的需要。

我建議，只有在考量父母便利性的情況下才這麼做。身為一位曾進行夢中餵奶的媽媽，我發現相較於寶寶自己在夜間醒來，然後餵奶兩次，只醒來一次對我比較好，因此我選擇採取夢中餵奶。

夢中餵奶指南

- 如果孩子半夜本來就會起來喝奶兩次，為了父母的方便，可以考慮夢中餵奶。
- 建議夢中餵奶的時間在**晚上10點到11點半之間**，最好不要超過半夜12點。
- **不是所有的孩子都適合夢中餵奶**。如果進行了夢中餵奶後，孩子還是在凌晨醒來兩次，變成總共要餵三次夜奶，就不建議繼續這麼做。

- 進行夢中餵奶的理想狀態，是孩子不會在喝奶途中醒來，而是一直保持沉睡的狀態。如果孩子在夢中餵奶時醒來並哭泣，或者在夢中餵奶前就醒來哭泣，這樣的方法可能不適合孩子，請立即停止。
- 在安靜的環境中，把睡夢中的孩子輕輕放到床上，打開一盞小燈進行餵奶，建議不必更換尿布。

嘗試進行夢中餵奶幾天，如果發現不合適，最好立即停止。如果孩子只需要進行一次夜間餵奶，我們就建議不要夢中餵奶。

幫寶寶更換奶粉的方法

如同前述所說，嬰兒時常無端爆哭，也可能是因為奶粉不適合的緣故。可參考以下判斷的標準，也建議諮詢兒科醫生後再做決定。

①消化系統未成熟的嬰兒，會在喝完奶後吐奶。但如果吐奶太嚴重，導致體重遲遲不增加，尿布6小時都不用換，就有可能是奶粉不適合，或者乳糖不耐症。

②如果孩子的餵奶量足夠，但體重增加得太慢，可以考慮更換奶粉。建議在嬰兒檢查時向兒科醫生諮詢。

③如果每次餵奶時，或者喝完奶後，寶寶感覺不舒服、持續哭泣，就有可能是對現在的奶粉過敏，可以詢問兒科醫生是否改用水解奶粉或無乳糖奶粉。

④如果大便有血跡，也有可能對奶粉過敏。奶粉中的乳蛋白可能引發孩子的過敏反應，出現皮膚疹、紅疹、腫脹等症狀。

⑤通常配方奶寶寶每天會排便一次，有時兩三天不排便也還算正常，但如果大便過硬或便秘嚴重，讓孩子感到痛苦不適，就有可能是奶粉的問題。

更換奶粉的小祕訣

①假設孩子要喝100毫升奶，剛開始更換奶粉時，可以先混合50毫升舊奶粉和50毫升新奶粉，觀察至少三天，確認孩子的消化與排便狀態是否正常。

②若正常的話，從第四天開始改成30毫升舊奶粉，加上70毫升新奶粉。

③再過兩三天後，如果孩子適應良好，就可以完全換成新奶粉。適應期約為7天，但僅供參考，若發現孩子喝奶意願降低、拒喝，或是進食量突然變少，可以將舊奶粉比例再增加到7至8成，給孩子更多時間適應。

從普通奶粉換成水解奶粉通常不用適應期，因為水解奶粉比普通奶粉更容易消化。但如果是從普通奶粉換成另外一種普通奶粉，孩子有可能出現嘔吐、腹瀉、便秘，或是排斥新味道等情況，但只要能在兩週內適應就不用太擔心。

第四章

建立「好眠作息」，陪孩子隨著月齡健康成長

設立「起床」和「入睡」的彈性時間

早晨的起床時間

在孩子的好眠練習中，起床的時間非常重要，這是一天的開始，如果這個時間不穩定，接下來一整天都會受到影響。舉例來說，如果孩子有一天早上6點起床，隔天早上9點起床，那麼小睡和就寢的作息也會跟著亂掉。

想想成年人早上起床的時間。除非刻意睡回籠覺，否則成年人的起床時間大多是固定的。這個固定的時間，並不是一分不差早上7點鐘，而是在早上6點30分到7點30分之間都有可能。

孩子也應該如此。沒有必要替孩子訂下精準的起床時間，但必須盡量減少前後相差一兩個小時的情況。例如，今天早上6點起床，明天早上8點起床。留意孩子的「平均起床時間」，並根據這個時間叫醒孩子，生活會自然變得有規律。

然而，請勿將「平均」的起床時間，視為「必須」的起床時間，因為如果孩子經常早起，就會遇到很多要「強迫」孩子繼續睡的狀況。那麼，各月齡嬰兒平均的起床時間是什麼時候呢？

各月齡的平均起床時間

- 0到1個月嬰兒：上午9點到10點
- 2個月嬰兒：上午8點到9點
- 3個月後嬰兒：上午6點到7點

從新生兒時期就設定好起床時間，可幫助孩子建立規律的日常作息。但請注意，這只是「平均」，參考的意思。兩個月的嬰兒，也可能在早上6點到7點開始新的一天，但是，即使比平均時間早起，只要晚上有睡滿10小時，並且孩子當天的狀態良好，早起或晚起都可以接受。

我在YouTube影片上看過別人分享，孩子應該在7點到8點睡覺。可是，身為一位無法讓兩個月大寶寶在晚上8到10點之間入睡的媽媽，我想和大家分享這一點，希望不會有其他人和我一樣有相同的誤解。

另一方面，有很多父母早上會捨不得叫醒孩子，或者認為孩子好不容易睡得這麼熟，巴不得讓他多睡一點。還有一些情況是，夜裡太頻繁醒來，媽媽和孩子都感到很疲憊。

在諮詢時，我總是這樣告訴家長：「如果你上班遲到了，就必須晚下班。」如果孩子清醒的時間比平常晚，那麼入睡時間（下班時間）往後延也很正常。

大多數孩子和父母的困境，都是從這裡開始的。如果今天早上晚起，但作息沒有調整，晚上還是同樣時間入睡，孩子可能會認為：「白天我沒有玩夠、清醒的時間不夠、也沒有吃飽！」在這樣的情況下，抗拒入睡也是正常。

雖然我常說「早上6點是正常的起床時間」，但多數父母還是希望孩子能睡到7點。如果孩子本身就是高睡眠需求的類型，那當然有可能；但一般孩子大多會在早上6點到7點間醒來。請務必考量孩子實際情況，設定具有可行性的作息。

舉例來說，有些父母會將目標設定為：孩子晚上8點入睡，早上6點半到7點之間起床。這樣的話，只要是在早上6點之後醒來，都屬於正常範圍內（已睡滿10小時）。但是，如果孩子在清晨4點半或5點就開始動來動去，可能就會讓爸媽感到有點緊張了。這個時候，大多數父母會選擇積極、最大程度的介入，以確保孩子能夠好好睡覺（如果讀到這裡讓你感到尷尬，請別擔心，大多數家長都是這樣的！）。

很多爸媽問我，如果孩子在早上4點半醒來，能不能抱著他安撫，或者用餵奶的方式讓他睡著？我不建議這麼做。

通常孩子在清晨4點到6點之間可能會扭來扭去，睡得比較淺，經常張開眼睛、翻來覆去、發出嗚咽聲或哭泣。很多父母擔心孩子養成在這個時間醒來的習慣，或者孩子太早起會很累，因此選擇積極介入、想讓孩子多睡一下。

但父母積極介入延長睡眠時間，反而會讓淺眠的孩子養成習慣，變成經常在這個時間點醒來，需要父母幫忙再次入睡。此外，父母持續介入，像是搖晃、撫慰、擁抱、餵奶等等，也可能增加孩子清醒的次數。

睡眠訓練不是為了讓孩子「今晚」好睡，而是為了建立習慣，改善孩子往後的睡眠品質。請給孩子足夠的時間，給他們「自己入睡」的機會，盡量避免主動介入。現在，讓我總結一下：

設定早晨起床時間的重點

1. 如果比預計時間晚起，就把孩子叫起來。
2. 如果孩子比預計時間早起很多，請盡量等待，讓孩子自己入睡，並了解他醒來的原因（太冷或太熱？尿布濕了嗎？肚子餓了嗎？）
3. 參考各月齡的平均起床時間。
4. 如果不希望孩子很晚睡，讓爸媽都很疲憊，請在設定的時間叫醒孩子。

夜晚的就寢時間

就像設定早上起床的鬧鐘一樣，孩子也會自然設定就寢的時間。當孩子養成固定時間就寢的習慣，也可以讓家長擁有愉快的「下班時間」！雖然，有些孩子晚上自然就睡得很好，但確實也有一些孩子晚上很難熟睡。

如果成功設定好早上的起床時間，設立就寢時間就會比較容易。最重要的是掌握「12小時法則」，也就是一天「至少」要有12小時是清醒的。這12小時包括小睡時間，意思是：從早上醒來一直到夜晚入睡，至少要間隔12小時。

舉例來說，早上8點醒來的寶寶，至少要在晚上8點以後入睡（符合清醒時間12小時的要求）；而早上9點半醒來的寶寶，至少要在晚上9點半以後才能入睡。先制定一個大略的框架，再計算寶寶整晚睡著的時間（＝入睡時間，指從晚上睡著到隔天清晨醒來的時間）。

簡單來說，假設A寶寶在晚上9點半睡覺，夜間餵了一次奶，並在凌晨起床玩耍，後來又睡著，一路到早上9點才清醒。那麼，A寶寶這一晚的總睡眠時間就是11個半小時。請用同樣的方式，計算出孩子的「平均夜間睡眠時間」。如果A寶寶的平均夜間睡眠時間是11個半小時，那個他在白天保持清醒的時間應該至少有12個半小時，而非12個小時，這樣一來，大略時間表就可以訂為：早上9點起床，晚上9點半就寢。理解這個概念之後，接下來我們再來看不同月齡寶寶的平均就寢時間。

各月齡的平均就寢時間

- 0到1個月嬰兒：晚上9點到10點
- 2個月嬰兒：晚上8點到9點
- 3個月後嬰兒：晚上7點到8點

就寢時間就如起床時間一樣，設定一個大略範圍就好，前後相差30分鐘到1個小時也不要緊。如果我們平常都是晚上11點睡覺，提早到10點45分，或是晚睡半小時也沒什麼問題。我們的孩子也是如此。

人體的生長激素會在睡眠時分泌。晚上睡9小時和11小時的孩子相比，睡11小時的孩子有潛力長得更高，原因就在於生長激素分泌得較多。在睡眠期間，會促進孩子的肌肉生長、細胞再生和刺激大腦發育。因此，重點不是死守晚上必須「幾點睡覺」，而是晚上上床後實際「睡了多久」，整體睡眠時間和睡眠品質最重要。接下來，將介紹一個關於睡眠時間的個案：

「我讀了嬰幼兒睡眠相關的書，也看了YouTube影片，努力培養孩子的睡眠習慣。按照所學，我嘗試在晚上8點讓孩子入睡，但孩子只睡了半小時就醒來，就像是個短暫的小睡一樣。我們夫妻努力抱著寶寶，每次都要花2到3個小時，才能讓他在12點入睡。我一直試圖讓他早點睡，卻都失敗。很多媽媽都說長大就好了，但寶寶都6個月了，還是經常到晚上12點、哭累了才睡。經過諮詢後，發現我們家寶寶不適合太早睡，晚睡、晚醒更適合他。在建立基本習慣後，問題就慢慢解決了。透過持續訓練，我們家寶寶現在每天規律在晚上九點入睡、早上8點醒來。」

有些孩子的生理時鐘，可能已經適應了「晚睡晚醒」的模式。但若晚上很晚睡，早上卻很早醒來，孩子一整天的總睡眠時間就會受到影響。在這種情況下，可以漸進式提早每天的就寢時間，每次減少5到15分鐘。例如今天晚上讓孩子在12點就寢，那麼明天改成11點45分，提早15分鐘；接著，再嘗試調整成11點30分，以此類推。請注意，除了就寢時間外，也要同步調整早上的起床時間，才能讓孩子逐漸適應新的時間表，請務必遵循12小時法則。

設定夜晚就寢時間的重點

1. 從早上起床開始，至少維持12小時的清醒時間（包含餵奶和小睡時間）。
2. 計算孩子的平均夜間睡眠時間。
3. 三個月以下的嬰兒，夜間睡眠時間維持在11到12小時。三個月後，再調整成10到12小時。

是想睡還是疲倦？讀懂孩子的「睡眠訊號」

嬰兒的「睡眠訊號」是什麼呢？可以簡單理解為，當寶寶感到睏倦時，向我們發出的提醒。這些訊號大致可以分為三個階段：

- 輕微睏倦的訊號：盯著一個地方發呆、眼睛或眉毛泛紅、輕輕搖頭。
- 中度睏倦的訊號：大力打哈欠、揉眼睛、摳耳朵、發出咿呀聲、開始發脾氣。
- 過度疲勞的訊號：抗議般大聲尖叫、激烈哭鬧、鬧脾氣、推開大人、拱背、緊握拳頭。

以上就是教科書中常見的「嬰兒睡眠訊號」分類，隨著疲勞程度增加，孩子會變得越來越煩躁，動作也會越來越激烈。如果錯過了入睡的黃金時機，孩子可能反而會因為「過度疲累」而更難入睡，這是我們最希望避免的情況。

不過，在實際執行過數千位嬰兒的睡眠訓練後，我發現——「不是每個孩子都會在恰當的時間發出睡眠訊號」。通常寶寶會在疲倦時，逐漸發出睡眠訊號，但也有些孩子幾乎看不出來。像我自己的孩子，平常幾乎沒什麼明顯的睡眠訊號，常常是到了晚上進房間準備換尿布時，才會忽然打個大哈欠、揉揉眼睛。

事實上，成年人也是如此。我們在工作中也可能眨眼、打哈欠等，發出疲憊的睡眠訊號，但這並不代表我們立刻需要去睡覺。這只是累的表現之一，換句話說，「感到疲倦」與「需要入睡」之間，其實還有段距離。

你可能也遇過孩子整天打哈欠，比平時早上床，卻不一定真的累；又或是看起來還在玩耍、精神還可以，讓人懷疑：「現在讓他睡覺是不是太早了？」事實上，「睡眠訊號」只是幫助我們了解孩子作息的參考，並不能夠斷定孩子在這個時間點已經睏了、一定要讓他睡覺。反過來說，即使孩子沒有明顯的睡眠訊號，或總是在某個時間發出訊號，也都不需要過度緊張。

不必因為孩子「打哈欠」或「哭鬧」就立刻帶去睡覺。睡眠訊號只是輔助的觀察工具，而且每個孩子的表現方式都不太一樣。更重要的是，觀察孩子是否在執行某些「特定行為」後順利進入睡眠，以及睡眠時間是否能自然延長。

雖然孩子的睡眠訊號很重要，但更重要的是，去判斷這些訊號是否真的代表「孩子該去睡覺了」。總歸來說，學會讀懂孩子的訊號，並且與孩子建立有效的溝通模式，才是幫助孩子穩定入睡的關鍵。

好眠第一步：掌握睡眠訓練的目標

訂下你們家自己的目標

我相信各位已經思考了進行睡眠訓練的原因與必要性，在正式訓練開始之前，我們要先訂下適合自己家庭的睡眠訓練目標。「睡眠訓練」的根本目標，是培養讓孩子舒舒服服自己入睡的習慣，但是，這個目標不見得適合每一個家庭。如同每個孩子都是獨一無二的，照顧者的目標和怎麼做才會比較舒服，其標準自然也會不同。

有些家庭可能希望孩子在父母不介入的情況下，能培養自己睡著的習慣。也有些父母可能選擇哄孩子入睡，或者選擇同睡一張床。

訂下睡眠訓練目標並不容易。每個父母都希望只要對著孩子說一聲：「晚安！」孩子就能微笑著入睡，但現實卻往往伴隨著哭泣和許多的眼淚。對於這樣的家庭，我建議制定**階段性目標**，逐步實現每個階段的任務就好。不需要帶著「每個階段都一定要完成！」的決心去訂目標，以免為自己和孩子帶來過多壓力。

舉例來說，如果你的孩子睡覺離不開奶嘴，你可以設定這樣的目標：

- **第一個目標：不再用奶嘴入睡**
- **第二個目標：從抱著入睡轉為躺著入睡**
- **最後的目標：培養自己入睡的習慣**

如果你不希望孩子達到第三項的「培養自己入睡的習慣」，那麼將「從抱著入睡轉為躺著入睡」作為最終目標也可以。

給心愛○○的睡眠禮物

請寫下自己家庭的睡眠訓練目標。

好眠第二步：建立安心的睡前儀式

白天睡眠儀式

小睡的睡眠儀式適合保持在5分鐘左右。如果小睡的睡眠儀式比這長得多，可能是孩子有嚴重的分離焦慮（通常在七到八個月後）。請確保睡眠儀式的順序始終一致。

小睡的地點最好在孩子睡覺的房間。如果沒辦法在房間裡，也可以在客廳，未必一定要在孩子的床上進行。

小睡的結束時間，應該配合孩子的清醒時間。另外，小睡的睡眠儀式也可以加上閱讀故事書、唱催眠曲或撫摸頭部等方式。

在睡眠訓練的初期，開始進行睡眠儀式時，孩子可能容易會哭泣。特別是在開始睡眠儀式或進入房間時，煩躁不安是正常的反應，而且在最初的一週左右可能會達到情緒的高峰。如果孩子在睡眠儀式中感到非常困難或哭得很嚴重，請不要立刻離開房間，多花些時間陪在孩子身邊。

以下將示範建議的小睡睡眠儀式。

當然，各位可以依情況做調整，但是，請不要每天任意改變。要記住，這是您與孩子溝通的時間，在這一系列動作結束後，最終要讓孩子知道：「是時候入睡了。」孩子和爸媽之間的溝通並不總是順暢，但透過每天重複的行為，孩子可以預測接下來會發生什麼事，如此一來，才能夠為他帶來舒適的安全感。

小睡睡眠儀式示範

- 換尿布
- 讓孩子知道「現在是小睡時間」，並表達對孩子的關愛
- 替孩子穿包巾或睡衣
- 打開白噪音
- 關燈離開

夜間睡眠儀式

白天睡眠儀式通常較短，約5分鐘左右，而夜間睡眠儀式則稍微長一些，通常持續40至50分鐘左右，內容可能包括洗澡、進行輕鬆安靜的娛樂等活動。

夜間睡眠儀式應該在孩子睡覺的房間進行，並在就寢時間前40到50分鐘開始，儘管每個父母的步調不同，但請確保不要超過一個小時。

夜間睡眠儀式示範

- 洗澡
- 擦身體乳液
- 更換夜間尿布，穿衣服
- 開始餵睡前奶（如果寶寶感到睏倦或開始恍神了，請在洗澡前餵奶）
- 使用包巾或睡衣
- 拍嗝，播放搖籃曲或唸繪本
- 打開白噪音
- 關燈離開

如果寶寶喜歡其他寧靜的娛樂活動，或者平時有其他睡眠儀式（例如使用油按摩小腿），可以根據需要進行替換。

睡眠儀式的關鍵是每天都按照相同的順序進行。請不要中斷睡眠儀式，也不要浪費時間外出或嬉戲。沐浴後應接續進行第二步、第三步，以此類推。

好眠第三步：選擇適合的安撫方法

睡眠訓練方法有數十種，每種訓練強度不同。強度越溫和，父母的體力、時間和努力可能需要付出更多，請參考以下幾種不同的睡眠訓練方法。

有些孩子很難被安撫。如果這種方法不適合，請不要因此認定孩子無法接受睡眠訓練。請先嘗試較不會讓孩子哭泣的方法，再進行睡眠訓練，若還是不行，建議進行一對一的睡眠諮詢。

現在，我們將詳細介紹最常用的「噓拍法」、「抱放法」、「費伯法」，以及如何逐漸減少負面的睡眠連結。請以孩子的月齡，以及哪種方法較能讓他們停止哭泣為依據，選擇最適合的方式。

噓拍法

這是由《超級嬰兒通》（*Secrets of the Baby Whisperer*）作者特蕾西・霍格

（Tracy Hogg）推薦的方法。噓拍法，指的是在輕拍安撫孩子的過程中，發出輕柔的「噓」聲音。這種方法不將孩子從床上抱出，而是哭泣時在床邊就地安撫。先將孩子轉向一側，用適當的力量以相同的節奏輕拍寶寶背部的中間區域（避免往腰部以下拍打），並同時發出輕柔的聲音，當孩子即將入睡時停止。

睡眠訓練的重點是讓孩子「自己」入睡，但噓拍法其實不符合這樣的目的，因此，噓拍法僅允許使用到孩子即將入睡時為止。我們建議此方法只用於六個月以下的嬰兒，因為在這之後，這種方法對有些孩子來說可能過於刺激。

抱放法

同樣是由特蕾西・霍格介紹的方法。從字面理解，這是指先抱起孩子，再讓孩子躺下的方法。我們建議使用噓拍法後，若效果不佳，再嘗試這種方法。

抱放法可以自孩子三個月大後嘗試，最長可持續到八個月，但有些孩子可能不適合這種方法。對於被抱起來的反應較大的孩子，抱放法的效果可能不佳。這種方法需耗費照顧者大量體力，如果有兩個人，建議輪流進行。實際操作方式為：當孩子哭泣，先輕輕地拍；若哭聲未停止，再抱起來，並且在抱起同時，反覆說「睡覺時間到了」，待孩子平靜後再放下。

逐漸減少睡眠連結

在噓拍法或抱放法完全無效的情況下，可以嘗試減少負面的睡眠連結。各位可以思考，孩子入睡時所需要的物品或行為有哪些，並逐項減少這些依賴項目。這是一種非常緩慢的睡眠訓練方法，根據孩子對這些睡眠連結的依戀程度與數量，可能會需要兩週到一個月左右的時間來遞減這些行為。

這種方法，指的是讓孩子在睡覺前不使用與入睡相關的物品或行為。舉例來說，如果你平常是一邊坐在彈力球上，一邊抱著孩子哄他入睡，使用這個方法的最終目標就是不再使用彈力球，而是讓孩子能靠自己睡著。

到目前為止，我們已經認識了較柔和的訓練方法。現在，我們將介紹父母在進行睡眠訓練時常用的「費伯法」。

費伯法

費伯法指的是逐步延長等待孩子哭泣的時間，再進行安撫的訓練方式。它在安撫方式、時間和行為上皆有所限制。

我們建議，等孩子滿六個月後再使用費伯法。若寶寶發展較快，或許也可以在三個月後嘗試。費伯法的執行方式舉例如下：第一天，當孩子哭泣時，等待約1分鐘後再進入房間安撫，第二天是等待3分鐘，第三天就是5分鐘，以此類推，慢慢增加等待的時間。即使孩子哭泣，也必須堅持持續增加等待的時間。而且當你等待結束、進房後，安撫行為也應該保持在最小限度，例如輕拍背就好，不要抱起來。

對三個月以下的嬰兒使用費伯法，並不會影響情感發展或依附關係。然而，由於這個年齡的嬰兒在控制哭泣的能力上較差，因此我們不建議這種訓練方法。

費伯法的優點是可以明顯達到睡眠訓練效果，和之前介紹溫和型的「無哭泣訓練」相比，更為有效。此方法適合那些能夠堅持原則並忍受孩子的哭泣，並且希望迅速見到效果的父母。

缺點是，當孩子哭泣時，父母可能會感到無力、自己什麼都不能做。初為人父母的人，更會有「我這樣是對的嗎？」的內疚感。

過去這陣子，有越來越多父母選擇費伯法。不過，選擇費伯法的父母，有時候也會遭受嚴厲批評，認為他們「太過狠心」、「不配養育孩子」。

事實上，不論是選擇費伯法還是較為柔和的訓練方法，最愛和珍惜孩子的人，絕不是那些出聲抨擊的人，而是我們自己，請務必牢記這一點。你有權根據自己孩子以及家庭的情況，選擇出最適合的訓練方式。

好眠第四步：制定月齡別的「吃玩睡」作息

滿月前（0～30天）

剛從漆黑的媽媽子宮裡來到這個世界的新生兒，還很難區分白天和黑夜。在這段期間，寶寶的睡眠時間很長，無論是進食前或進食後，眼睛幾乎都沒有睜開、沒有明顯的清醒活動時間。在寶寶生理節奏還沒發展好的時期，父母要做的不是讓寶寶自己分辨白天和黑夜，而是根據寶寶的生理時鐘來幫助他。

這個時期的寶寶是「老大」。請試著每天至少一次讓寶寶躺在嬰兒床或搖籃上仰睡，如果寶寶感到不舒服或不喜歡也沒關係。如果寶寶習慣在父母懷中入睡，那麼當他睡著後，再輕放到嬰兒床也已經足夠。剛剛來到這個世界的寶寶，需要父母完全的幫助。

在這個時期，餵奶間隔很短也沒有關係，我們不建議過度控制餵奶間隔。這是一個了解寶寶是否喝得好、是否吐奶、有沒有足夠力氣喝奶、母乳哺餵是否順利，以及擠奶或母乳的量是否足夠等的時期。通常餵母奶的間隔是每兩個小時一次，但許多專家仍建議根據寶寶的需要隨時餵食。

喝配方奶的寶寶，基本上建議每兩個半小時到三小時餵一次，然而，請根據寶寶的需求進行調整。有些寶寶可能喝得很好，但對有些寶寶來說，喝奶本身就是一項困難的任務。這段時間可以當作與寶寶共同協調、摸索節奏的時期。

無論餵奶方式如何，這是媽媽和寶寶共同學習和適應的時候。對於寶寶來說，一切都相當陌生與新奇，也可能會感到困難，但剛經歷分娩的媽媽身體，同樣需要時間康復和適應。壓力可能會延緩身體的復原，或者影響母乳的分泌。

在出生後的前兩週，有辦法保持每兩個半小時到三小時喝一次奶的寶寶，其實占少數。你聽過「吃奶的力氣」這句話嗎？儘管「喝奶」是寶寶出生後的基本需求，卻可能需要付出極大的努力，這也代表寶寶在努力做到一些更困難的事情。因此，這個階段的所有「建議」，都請視為是讓媽媽與寶寶稍微輕鬆一點的參考依據，不是非執行不可的標準。

如果寶寶無法區分白天和黑夜會怎麼樣呢？白天喝奶後，寶寶可能還是會繼續睡覺，不管怎麼叫都一樣。夜晚的時候，可能毫無來由地哭泣數小時，即便解決了餵奶與換尿布等生理需求，也還是很難入睡，反而像在白天一樣活動。

玩

當寶寶對基本的生存提出要求時，父母立即做出回應，這種行為本身就會形成寶寶與照顧者之間的互動關係。在餵奶或玩耍時，要多與寶寶交談，或者透過頻繁的身體接觸進行交流。

此外，建議從寶寶出生開始，不論是在月子中心還是回到家之後，父母都能輪流進行世界衛生組織（WHO）推廣的「袋鼠式護理（Kangaroo Care）」，這種肌膚接觸方式能夠協助新生兒情緒穩定、促進身心發展。

請在寶寶睜開眼睛、清醒的時候，持續與他進行互動，即使很短暫也沒關係。寶寶會不斷成長和發展，雖然他現在醒著的時間還很短，而你可能總在等待那短短的幾分鐘，但是隨著互動、交流與陪伴時間的累積，孩子清醒時間也會逐漸延長。

寶寶的頸脖力量還沒有很強，但可以從新生兒時期開始，每天一點一點地練習趴姿抬頭的動作（Tummy Time）。請將寶寶趴放在爸爸或媽媽的懷中進行練習，有助於加強孩子的頸部力量，並且在父母懷抱中感受穩定的情感連結，對寶寶也有好處。

如果家裡有準備黑白圖卡與懸掛玩具，建議讓寶寶每天有一到二次，每次不超過5分鐘的短暫玩耍時間。寶寶的視覺發展還不夠成熟，但這樣的活動仍能刺激感官發展並增加清醒互動時間，但不建議將懸掛玩具或黑白圖卡放在嬰兒床上，以免干擾寶寶建立白天與黑夜的區分。

在新生兒時期，為了幫助寶寶區分白天和夜晚，請針對以下檢查表進行檢視，並適度調整寶寶的生理時鐘。

藉由調整生理時鐘來區分白天和夜晚的方法

- 攝取維生素D
- 每天至少曬一次太陽
- 白天時，暴露於自然的生活噪音中
- 房間在白天保持明亮，在晚上保持黑暗，這麼做有助於寶寶的睡眠
- 在白天的活動時間內，讓寶寶盡量保持清醒

在新生兒時期，要進行「吃—玩—睡」的循環可能還有點難。因為這個時期寶寶幾乎都在睡覺，可以進行的活動很有限，很難訂出規律的作息。

睡

父母不用故意讓寶寶哭泣，也不必過度擔心「是不是背部出了問題」、「是不是嬰兒床不舒服」等，寶寶對一切都感到害怕和陌生，這是很正常的。在這個時期，請根據寶寶的需求給予幫助。若寶寶對於躺著入睡沒有感到不適那麼鼓勵他這樣睡當然比較好，這是最理想的狀況。然而，在吃、玩、睡方面，此階段父母

不需嘗試或者刻意調整孩子的作息。

0到30天寶寶的睡眠檢查清單

- 寶寶每次醒來的時間，應保持在35到60分鐘之間。在這之後，就應該讓寶寶進入睡眠狀態。
- 白天幾乎都在睡覺，沒有活動時間或是活動時間非常短。不會進行「吃玩睡」的循環，基本上是吃飽就睡的模式。
- 此階段不適合進行睡眠訓練。在新生兒時期，請將寶寶視為「老大」，根據他的需要，及時回應基本需求。
- 建立睡眠儀式。睡眠儀式是從新生兒時期開始養成的健康睡眠習慣。
- 寶寶沒有自己入睡沒關係。如果寶寶習慣在父母懷中入睡，只要等寶寶睡著再放回嬰兒床上即可。可以每天練習將寶寶放在床上入睡，但不用強求。
- 平均早上9到10點起床，晚上9到10點入睡。
- 一天的平均白天睡眠加夜間睡眠總時間為14到17小時。
- 這時期的寶寶會有驚嚇反射，因此建議讓他使用包巾。使用包巾後，父母可能會覺得寶寶因為不舒服而睡不好，但這不是因為包巾的緣故。防止嬰兒驚嚇反射，這一點非常重要，因為若經常處在驚嚇狀態，很難進入深度睡眠。

以下提供新生兒出生後0到4週的一日作息示範。

請注意，不用非得按照這個時間表進行，這僅是新生兒時期的可能作息。對寶寶的睡眠來說，並不存在「一定要這樣做」的指令，特別在新生兒階段的睡眠，可能受出生週數、進食量、清醒時間長短和小睡時間等影響。

作息	時間	主要活動
早上起床	9:00	盡量在固定時間起床，是建立規律作息的第一步。只不過在新生兒時期，要有固定作息很困難。若孩子在早上8點醒來，儘管距離預期起床時間還有一小時，也沒有關係。 然而，若他在晚上11點到12點之間睡覺，早上6點到7點醒來，請更換尿布並餵奶。這時需要特別注意前一次的餵奶時間，如果餵奶間隔已過2到3小時，可以給孩子和平時差不多的奶量。在這個時期，不需要特意減少夜奶的量和次數，順其自然地滿足寶寶的需求更為重要。 餵奶後，寶寶若再次入睡，請在原本設定的起床時間（9點）叫醒他，開始一天的活動。
餵奶1 （吃=玩）	9:10	寶寶起床後不要馬上餵奶，先給寶寶一些時間。可以拉開窗簾，讓陽光照進來，或帶寶寶走出房間繞一圈，拉伸他的手腳做伸展運動，並更換尿布。 如果寶寶非常餓，在起床後只需要拉開窗簾和換尿布即可。在這個時期，喝奶本身就是一種遊戲，因此提供明亮的環境和更換尿布就很足夠了，這些動作能夠提醒寶寶「該起床了」。 這段清醒的時間很短，可能是30分鐘，也可能是60分鐘，因此在餵奶後，應盡快進入睡眠階段。
小睡1 （吃=玩➡睡）	9:35~11:35	為了更容易理解每天的吃（玩）睡規律，我們將小睡也列入其中。寶寶通常會小睡20分鐘到2小時。請確保餵奶間隔在2到3小時之間。當寶寶醒來時，先換尿布，再餵奶。

餵奶2 （間隔2:35）=玩	11:45	不用完全遵照範例中的餵奶間隔進行，餵奶間隔保持最少2小時到最多3小時即可。 新生兒時期，父母最容易犯的錯誤之一，就是被日程安排的壓力追著跑。母親和寶寶要在這個時期共同適應許多事物，所以即使感到疲勞，也請以愛關懷寶寶。有些寶寶吃東西的速度可能比較慢，或者吃得比較少，這都沒有問題。 為了讓媽媽康復，除了寶寶的餵奶時間外，小睡時間也請媽媽一起入睡，以確保體力能充分恢復。
小睡2 （吃=玩➡睡）	12:15~ 14:15	
餵奶3 （間隔2:45）=玩	14:30	
小睡3 （吃=玩➡睡）	15:05~ 16:00	
餵奶4 （間隔2:00）=玩	16:30	
小睡4 （吃=玩➡睡）	17:00~ 18:20	
餵奶5 （間隔2:00）=玩	18:30	
小睡5 （吃=玩➡睡）	19:20~ 20:00	在洗澡和睡覺之前，如果還有一段較長的清醒時間，寶寶可能會感到疲憊，因此無論是20或40分鐘都可以，請讓寶寶有短暫的小睡時間，確保他不會過度疲勞而難入睡。
洗澡	20:10	將例行的洗澡活動安排在夜間睡眠儀式中。
餵奶6 （間隔2:00）=玩	20:30	在睡眠儀式中餵奶。睡前最後一次餵奶時，寶寶可能會比其他時候更睏倦，也可能喝著喝著就睡著了。 從睡前餵奶到早晨醒來之間，可能會有2到3次的夜奶。在出生後第一個月，每天需要餵奶8到10次。
夜間就寢	21:00	

＊這不是「吃—玩—睡」的時期，而是「吃就是玩」的時期。目標是保持2到3小時的餵奶間隔。

1個月（30～59天）

這個階段，寶寶的身體生理時鐘尚未發展完全，要建立起規律的吃飯、玩耍和睡覺作息仍然困難，且目前還難以正確區分白天和黑夜。

不過，有些專家提到，寶寶滿月後，如果夜間正在熟睡、沒有脫水風險，就不需要特意叫醒他喝奶。需要記住的是，夜奶的次數和量，應該由兒科醫生根據嬰兒的身高、體重和生長發育曲線等來評估訂定。若寶寶在出生後五週，體重都沒有增加，請注意專家的建議，並在夜間把他叫起來喝奶。這麼小的時候，多數嬰兒都會在半夜起床喝奶。

吃

吃飯、玩耍和睡覺的模式，從出生後六週漸漸發展穩定。寶寶喝奶時，可能會稍微甦醒，請慢慢試著讓寶寶在喝奶時保持清醒，但不用感到壓力。若哺餵母乳的情況尚未穩定，建議諮詢母乳專家。無論是母乳、奶粉還是混合餵養，現階段重要的原則是，無論白天、黑夜或凌晨，只要寶寶有需求，都可以餵奶。不過，同樣地，請與兒科醫生討論餵奶量。

玩

請盡量給寶寶各種刺激，例如，練習趴姿抬頭（Tummy Time）、和爸爸媽媽一起互動、看看外面的陽光，以區分白天和黑夜等等。此時，寶寶的視力和聽力尚未發展完全，身體的小肌肉和大肌肉發育不足，還很難控制手腳的活動，對自己身體部位的感知也很有限。有時他們會對著空氣微笑，看起來好像在注視某物，但大都只是模糊地辨識了物體的形狀，還沒辦法好好看清楚。

由於這個時期的寶寶，視覺和聽覺能力都還在發展，很多人會誤以為，這個時期不適合玩遊戲。但其實，寶寶已經能夠對父母（照顧者）的行為和聲音做出反應，並且能夠一起遊戲，他們只是還沒有玩得「很好」而已。接下來讓我介紹一些在這個時期可以與寶寶一起進行的活動。

趴姿抬頭的練習

請將寶寶抱入懷中，引導他進行趴姿抬頭的練習。由於寶寶的頸部肌肉尚未發育完全、相對脆弱，所以即使抱在懷中，也請支撐住他的頸部與頭部。或許你會想：「這麼小的寶寶能練習抬頭嗎？」答案是可以的。

請將寶寶稍微斜靠在你的胸前，當他試圖抬起頭時，你可能會感到驚訝喔！

等到寶寶逐漸能夠掌控抬頭的姿勢後，接下來就可以把他放在地板上練習。不過，由於頸部力量尚不足，寶寶的頭部可能會突然下垂，因此請先從側面支撐好他的頭頸，再慢慢開始練習。

在寶寶滿三個月之前，讓他每天趴1到2分鐘，可以刺激大肌肉運動，促進身體和大腦的發育。但是，如果寶寶明顯很吃力，也不用從一開始就強迫他。建議逐漸增加時間，從10秒、30秒開始，再延長到1分鐘、2分鐘，並且逐漸增加次數，從每天1到2次，增加到3到4次以上，透過這樣的練習，讓寶寶有時間適應趴姿抬頭，逐步強化身體控制能力。

接觸身體的遊戲

為了促進寶寶的情緒穩定與情感連結，可以與他進行與身體接觸有關的遊戲。在五感中，觸覺最早發展。寶寶對身體接觸特別敏感，會藉此接收來自外界的資訊，因此充分的身體接觸，有助於情感和大腦的發育。

建議經常進行「袋鼠式肌膚接觸」，也就是爸爸或媽媽將僅包著尿布的寶寶擁抱在胸前，以皮膚接觸皮膚的方式，讓寶寶感受到父母的心跳、呼吸、體溫、氣味等，進而感受到安心與關愛。在與寶寶進行身體接觸時，母親的身體也會分泌出愛的荷爾蒙——「催產素」，這對產後康復和預防憂鬱症有所幫助。

使用嬰兒油或乳液進行嬰兒按摩，也是不錯的方法。不論是媽媽或爸爸，一邊看著寶寶的眼睛與他說話，一邊按摩放鬆寶寶的身體肌肉，可以讓他在互動中提升情緒穩定度。

發展視覺的遊戲

由於寶寶尚無法區分顏色且視力不佳，建議使用黑白色懸吊玩具、黑白色圖卡等，進行有助於寶寶發展視覺的遊戲。對比明顯的黑白圖案，非常適合這個時期的寶寶發展視覺，有助於識別物體的形狀和邊界，也有助於調整眼睛的焦點。黑白圖卡和懸吊玩具應擺放在距離寶寶側臉的20到30公分處，並可左右交替擺放，幫助視線追蹤與雙眼協調。

若在寶寶趴著時，加入黑白圖卡，可進一步提升專注力。寶寶仰躺著看黑白圖卡時，父母也可以透過聲音向寶寶介紹「圓圈、三角形、方形」等，結合視覺與聽覺刺激。購買懸吊玩具時，可以選擇會發出聲音的類型，這樣寶寶在觀察物體形狀的同時，也能獲得聽覺刺激，讓遊戲時間更加有趣。

睡

在孩子出生後6週（42天）可以逐步開始睡眠訓練。此時，讓孩子練習自己躺下入睡。以下將介紹睡眠檢查清單：

- 寶寶每次的清醒時間保持在60到75分鐘。
- 寶寶仍然很難區分白天和黑夜。白天環境要保持明亮，晚上則要保持昏暗與安靜。白天能看到陽光，有助於孩子區分白天和黑夜。
- 繼續進行小睡和夜晚的睡眠儀式。
- 如果寶寶經常哭鬧、難以入睡，每天請至少練習一次讓寶寶在床上自行入睡。
- 建議白天的總小睡時間不要超過6小時。
- 出生4週後，早上適合的起床時間在9到10點，晚上適合的就寢時間在9到10點。稍微超出這個時間範圍也完全沒有問題，只要寶寶晚上的睡眠時間達到11至12小時左右，就不用擔心。
- 白天睡眠加上夜間睡眠的平均時間為14到17小時。
- 此時的驚嚇反射可能還是相當嚴重，建議使用包巾。
- 推薦使用安撫奶嘴。不僅可以降低嬰兒猝死的風險，還有助於增強寶寶的吮吸力與促進唾液分泌，有助於消化能力的發展。

• 寶寶在入睡時，仍會發出哼哼唧唧的聲音嗎？這很正常。寶寶當前的睡眠週期分成「活躍睡眠」與「深度睡眠」兩個階段。在活躍睡眠期，寶寶的睡眠很淺，可能會發出聲音並且動來動去，也可能伴隨嗚咽聲或哭聲。大約4個月大後，寶寶的睡眠週期就會從兩段變成四段，類似成人的睡眠模式。不過，因為會有不同階段的睡眠轉換，可能會影響原本已穩定的睡眠，出現「睡眠倒退期」。

出生後42天，寶寶逐漸開始區分白天和晚上，慢慢變成吃完不馬上入睡，而是能稍微保持清醒的狀態，這是寶寶正在成長的證據。那要怎麼知道孩子已經有「日夜之分」的概念了呢？

- 寶寶不再像以前一樣，白天吃飽後馬上入睡，能稍微保持清醒。
- 即使在凌晨醒來，通常喝完奶就能馬上睡著，白天則會更清醒。
- 6週之前，對早晨起床時間或夜間就寢時間模糊不清，如今開始出現規律。
- 吃東西時不會馬上閉上眼睛，會更專注地吃，即使在喝奶中睡著，稍微叫他還是能清醒過來。
- 白天活動時保持光線明亮，寶寶似乎較有精神；晚上室內保持安靜和黑暗時，他表現出放鬆、想睡的樣子。
- 每次清醒時間保持在60到75分鐘，白天總小睡時間不超過6小時。

每個寶寶的成長與發育速度不同，也不是每個孩子都會在出生後42天出現這些變化。如果寶寶能開始進行一些「吃飽後玩耍」的活動，並且能明確區分白天與夜晚，請更努力地進行睡眠訓練，並在清醒時給孩子各種刺激、遊戲與互動。以下提供適合一個月大寶寶的一日作息表做為參考。

作息	時間	主要活動
早上起床	9:00	盡量讓孩子在同樣的時間起床，不用一定要在某個時間點，但建議前後差距不要超過半小時。如果在早上8點醒來，就可以開始新的一天了。但是，如果前天晚上9點才睡，早上6到7點就醒來時，不要急著替孩子換尿布和餵奶，可以稍等一下。這時候的餵奶量抓在平時的一半左右就好。餵完後讓孩子繼續睡覺，然後在早上9點叫醒他。
餵奶1（第一餐）	9:15	請不要在起床後馬上餵奶，先給寶寶一些時間，讓他慢慢清醒。可以拉開窗簾，讓早晨的陽光透進來，或帶孩子走出房間繞一圈，拉伸他的手腳做伸展運動，並換尿布。
小睡1	10:00~11:30	（清醒時間60分鐘）睡眠儀式並非從10點才開始，而是在這之前就要結束，準時把寶寶放到床上。
玩耍	11:35	寶寶醒來後把他帶出房間，換尿布，並稱讚寶寶睡得很好。
餵奶2	11:50	每2.5到3小時餵奶一次。若寶寶非常飢餓，可以提前餵奶。請在餵奶後，替孩子拍嗝。從出生後42天開始，若寶寶在喝奶時昏昏欲睡或表情放空，可以和他說說話，盡量不要讓他睡著。
小睡2	12:35~14:00	如果每次小睡，都是維持在30到40分鐘左右就自然醒來，可以根據寶寶清醒的時間，適時幫助寶寶進入下一次小睡。這個時間表僅供參考，不必強行讓寶寶配合。

餵奶3	14:20	可以進行「吃、玩、睡」的作息，確保寶寶不會吃到一半睡著。
小睡3	15:10~16:10	當寶寶醒來時，不要讓他在床上玩，要到明亮的地方換尿布，熱情的歡迎寶寶。
餵奶4	16:40	請注意，在餵奶時，不要讓寶寶睡著。
小睡4	17:25~18:00	結束睡眠儀式後，讓寶寶躺下。隨著夜晚的來臨，小睡可能會越來越困難，寶寶可能會開始哭鬧（進入巫婆時間了）。
餵奶5	18:40	集中餵奶（餵奶間隔約2小時）的量，可以根據寶寶的需求調整。請確保寶寶睡前最後一餐，不會因為這一餐而吃不下或少吃。
小睡5	19:15~19:45	白天最後一次的小睡可能會很困難，建議讓寶寶睡30到40分鐘即可。如果沒有這次的睡眠，寶寶撐到晚上睡覺前會變得太疲倦，所以請盡可能讓孩子睡著。
洗澡	20:25	這是夜晚睡眠儀式的開始。
餵奶6（最後一餐）	20:40	進行最後一次餵奶。從出生後42天開始，在餵奶時請持續把寶寶叫醒，確保他不會閉上眼睛或陷入呆滯。
夜間就寢	21:00	（清醒時間75分鐘）結束夜晚睡眠儀式後，讓寶寶上床、進入睡眠。入睡後什麼時候醒來，就交給寶寶自行決定，不要過分掌控夜奶的時間。當寶寶醒來時，先等幾分鐘觀察狀況，再幫他換尿布、餵奶。

＊重點不是要按照時間表的間隔餵奶，而是在寶寶清醒的時候進行餵奶。

2個月（60～89天）

隨著寶寶清醒的時間逐漸增加，白天的活動量也會變大。在這個時期，我們可以看到寶寶漸漸長大的模樣，像是會開始露出更明顯的可愛笑容等。每一次夜奶的間隔也慢慢變長，媽媽和寶寶越來越熟悉餵奶的規律，寶寶似乎發展出某種習慣的模式。以前可能沒有規律的作息，如今，寶寶有固定的起床時間和進食時間。很多父母會在這個時期開始期待：「孩子終於要能睡過夜了！」

吃

寶寶滿兩個月之後，要開始正式練習吃飯、玩耍和睡覺的作息。孩子能有意識地進食，當孩子邊吃邊想睡時，請叫醒他，幫助他在清醒的狀態下喝奶。很多父母都會好奇，孩子究竟要到多大，才能在沒有父母介入也不餵奶的情況下自行入睡。這個答案因孩子而異，但基本上，大約兩個月大的孩子，就可以在不需要餵奶的情況下睡4到6個小時。

有一些睡眠需求比較高的孩子，可能會在沒有喝奶的情況下，睡超過6個小時；而對於餵奶需求比較高的孩子，則不那麼重視睡眠，可能睡不到4個小時就會醒來。因為每個孩子都不同，所以「幾個月大就應該睡12個小時」這樣的說法並不正確。正如每個人的性格都不同，每個孩子的睡眠需求和餵奶需求也不一樣。因此，找到適合孩子的作息表很重要，也不需要與其他孩子做比較。

通常在這個時期，許多父母會嘗試將餵奶間隔延長到4小時。但如果孩子仍然會在半夜醒來吃奶，就不建議這麼做。因為當前最重要的，並非延長餵奶間隔。如果孩子會在夜裡醒來喝奶，代表他白天並沒有攝入足夠的進食量，因此，與其強行拉長餵奶間隔，更建議白天每2.5到3小時餵奶一次，以確保他在白天有確實吃飽，自然就能延長晚上的睡眠時間。

玩

隨著寶寶的身體開始發育，視力也逐漸發展成熟，這時候可以把黑白色的搖鈴換成彩色的。這也是拳頭肌肉發展的時期，在白天的活動時間裡，讓孩子用雙手自由探索，不要把手束縛住。這個時期會逐漸發展出社交性質的微笑，開始對照顧者的表情或行為做出反應。此外如果一直躺著，可能會影響頭型發育，建議在白天玩的時候，讓寶寶多趴著練習抬頭，並幫助他將頭部往左右邊轉動。

親子遊戲專家崔智藝，針對這個時期的寶寶，也分享了一些親子互動遊戲：

請讓孩子經常聽到父母的聲音。唱童謠、搖籃曲、分享今天發生的事情或者朗讀書籍，都是很好的遊戲。父母的聲音對孩子來說，是從還在肚子裡就感到熟悉與安心的聲音。即使有很多玩具會發出有趣和充滿變化的聲音，但父母的聲音能持續給孩子舒適的刺激，對聽覺發展、情感發展和語言發展都有所幫助。多和孩子對視並唱歌給他聽，或輕聲閱讀故事書，並且經常叫喚孩子的名字。除了父母的聲音，生活中一些微小的聲音，像是搖動裝有塑膠珠子、米或水的容器等，都有助於孩子的聽覺發展。建議可以從不同方向發出聲音，並藉由讓聲音忽大忽小、忽長忽短的方式做變化，讓寶寶接受多樣的刺激，對聽覺發展有助益。

這時期的孩子還不太會把手放入嘴巴裡探索，甚至很難理解「我有手和腳！」這件事。不過，當你把手指放到孩子的手中時，他會緊緊地握住。因此，可以給孩子搖鈴、手帕等物品或是媽媽的手指，幫助孩子練習抓握，將有助於手部肌肉的發展和感覺統合。而當孩子睡覺時，可以幫他戴上手套，避免抓傷臉；但在玩耍時，請盡量讓孩子的手自由活動，這樣有助於身體發展。

讓孩子在溫暖的水中玩耍，也是一種很好的遊戲方式。不過，由於孩子還沒有辦法控制好頸部，不建議讓孩子使用脖圈在水上漂浮。另外，請讓水溫保持在

38到40度，可以幫助孩子緩和緊繃的肌肉，感受到如母親子宮般的舒適感。

（睡）2個月寶寶的睡眠檢查清單

- 醒著的時間逐漸增加。每次的清醒時間增加到75分鐘，最多可以到約90分鐘。
- 白天小睡時間最長不要超過5小時。
- 早上起床時間平均為8到9點，會變得比較早起；晚上就寢時間也會稍微提早到8到9點之間。若孩子的起床時間仍然在9到10點左右，就維持這個時間也可以。請以孩子的實際狀況決定合適的起床與就寢時間。
- 目前孩子的睡眠仍多半很淺眠，嬰兒發出咕嚕聲入睡是很正常的現象；更深層的睡眠週期將在5到6個月後出現。在這個年紀，只睡短短的20到30分鐘就醒過來也很正常。短時間的清醒和小睡皆屬正常的生理模式，請記住：不要強迫延長寶寶的小睡時間。

作息	時間	主要活動
早上起床	8:00	盡量讓孩子每天在差不多的時間起床，不用堅守固定的時間點，但建議不要比平均起床時間提早或延後超過半小時。 如果孩子在早上6點半到7點之間醒來，這時就可以開始新的一天了；但若前天晚上8到9點才入睡，早上不到6點半就清醒了，那麼建議多等待一點時間，再替孩子換尿布並餵奶。這一餐的奶量建議是平時的一半。餵奶後讓孩子再度入睡，並在8點叫醒他，開始新的一天。
餵奶1 （第一餐）	8:15	請不要在起床後緊接著餵奶，先給寶寶一些時間，讓他慢慢清醒過來。拉開窗簾讓陽光照進來，或是帶孩子出房間與家人們問好，拉伸孩子的手腳進行伸展運動，並替孩子換尿布。
小睡1	9:15~ 10:15	睡眠儀式不是9點15分開始，而是在這之前就要結束。9點15分是孩子入睡的時間。
玩耍	10:20	寶寶醒來後，把他帶出房間，換尿布，並稱讚寶寶睡得很好。
餵奶2	11:00	試著安排每2.5到3小時餵一次奶。如果寶寶非常餓，可以提前餵奶，讓孩子在喝奶後打嗝。確保不要讓寶寶喝奶時睡著。
小睡2	11:35~ 12:40	如果所有小睡都是保持在30到40分鐘之間並自然清醒，可以根據寶寶清醒的時間，安排下一次小睡。這個時間表僅供參考，不必強行讓寶寶配合這個時間點。

餵奶3	13:30	可以進行吃一點、玩一點、再短暫小睡的作息。在小睡前20分鐘餵完奶也可以，只要寶寶不是「邊吃邊睡著」就沒問題。
小睡3	14:00~15:00	當寶寶醒來時，不要讓他留在床上玩，帶寶寶到明亮的地方更換尿布，用歡迎的聲音迎接他。
餵奶4	15:50	請注意，餵奶時不要讓寶寶睡著。
小睡4	16:25~17:00	睡眠儀式結束後，讓寶寶躺下。隨著夜晚的來臨，要孩子小睡可能會變得越來越困難，寶寶可能會有些哭鬧（巫婆時間）。
餵奶5	17:50	集中餵奶（餵奶間隔約2小時）的量，可以根據寶寶的需求調整。請確保寶寶睡前最後一餐，不會因為這一餐而吃不下或少吃。
小睡5	18:25~18:55	最後一次的白天小睡可能會很難進行，建議讓寶寶睡30到40分鐘即可。如果沒有這一次的小睡，寶寶撐到晚上睡前會很疲憊，因此請盡量讓孩子睡著。
洗澡	19:45	這是夜晚睡眠儀式的開始。
餵奶6（最後一餐）	20:00	進行最後一次餵奶。從出生42天後開始，在餵奶時請持續叫醒寶寶，確保他不會閉上眼睛或陷入呆滯。
夜間就寢	20:25	（清醒時間90分鐘）結束夜晚睡眠儀式後，讓寶寶上床、進入睡眠。入睡後什麼時候醒來，就交給寶寶自行決定，不要過分掌控夜奶的時間。當寶寶醒來時，先等幾分鐘觀察狀況，再幫他換尿布、餵奶。

＊重點不是要按照時間表的間隔餵奶，而是在寶寶清醒的時候進行餵奶。

3個月（90～119天）

你聽過「百日奇蹟」嗎？（或者是「百日頭疼」？）百日奇蹟有科學根據嗎？這是否代表孩子一定要在出生一百天後，開始整夜連續地睡覺呢？

答案是否定的！我們不執著於讓孩子睡整夜，而是等寶寶準備好了，他會自己跟上睡過夜的節奏。在那之前，最重要的是訓練寶寶「自己入睡」，還記得我們的目標嗎？

可以自己入睡的寶寶，代表著他可以在半夜時自己延續睡眠！如果沒有學會，那麼折磨爸爸媽媽們的「百日頭疼」將會更有可能發生。因為，寶寶在出生三個月後才剛開始睜開眼睛看世界。

隨著孩子進入能看得更清楚、聽得更清楚、變得更敏感的時期，生理上能準確區分白天和黑夜，身體的生理時鐘也開始固定下來（起床和就寢時間會固定）。而與睡眠有關的褪黑激素也正式開始分泌，約在晚上7到8點大量分泌，於凌晨4點左右停止分泌，身體也在這個時候開始準備早晨的到來，因此他們會翻來覆去地發出聲音。

家有三個月大寶寶的父母，十位有八位會這樣說：

「我們家的寶寶兩個月時，能一次睡上8到9小時，有時甚至不用夜奶就能入睡。但從三個月開始，他每隔一小時就醒來，這是出了什麼問題？」

我想強調的是，這不是「問題」。類似的情況我們聽過太多，這並非父母做錯什麼而導致的結果。

寶寶的聽力和視力正在快速發展，對於父母為他們建立的餵奶作息，也已經相當熟悉。進入第三個月，孩子迎來快速成長的階段，也就是著名的「飛躍期」（Wonder Weeks，指嬰兒大腦快速發育的階段，可以理解為「大腦飛躍期」）。照顧這個時期的寶寶，父母可能會感到非常困難，寶寶會開始翻身，也慢慢不再需要包巾。

不過，要在這個時期做睡眠訓練，仍然是可行的。寶寶開始睜著眼睛看世界，不代表睡眠訓練就沒辦法做。相反的，我強烈建議從這個月齡開始，為寶寶建立正確的餵奶與睡眠作息。從這個月開始，寶寶的生活正式進入規律的「吃、玩、睡」階段。

吃

請開始為孩子建立起穩定的「吃玩睡」循環，讓孩子更有意識地吃飯，若在吃東西時想睡覺，請務必把他喚醒。此時，還不建議把餵奶間隔時間延長到4小時。只有在寶寶不需要夜奶，而且有穩定的「吃玩睡」作息後，再來考慮延長到4小時。基本上來說，請保持在2.5到3小時的範圍內。

玩

這是寶寶會開始吸吮手指的時期，這非常正常，對此無須擔心。孩子大概會在兩歲到五歲之間自然停止這個行為。由於一直躺著很無聊，即便是有音樂的嬰兒玩具（如故事機、音樂搖鈴）或者健力架（編按：嬰兒專用的遊戲拱架，上面會懸掛各種玩具，有時會播放音樂或發出聲音，以刺激寶寶的感官發展並吸引注意力），也可能變得太單調，因此需要讓遊戲變得更加多樣化。

在這個時期，寶寶的視力和聽力也開始發展。過往只能區分對比色，現在可以辨認各種不同的顏色。發育較快的寶寶，可能會在三到四個月開始試著翻身，頸部的控制力也增強，所以趴姿抬頭變得比以前更輕鬆。他們也開始意識到自己的手和腳，進入歡樂的身體探索時期。

大約在三個月左右，寶寶開始進入口腔發展階段。他們常常會把小拳頭和小手指放入口中，吸吮並進行探索。他們稍微能認出父母，並抱以微笑。爸媽應該更頻繁地與寶寶對視、與他們交談，呼喚他們的名字。

與零到兩個月的嬰兒相比，他們的活動時間和範圍會比之前更廣。同樣是嬰兒遊戲專家崔智藝的介紹，以下有幾種可以與三個月大孩子一起進行的遊戲。

在成長到三個月後，趴姿抬頭仍然是非常好的玩樂方式。不單只是為了活動大肌肉，還可以在趴姿抬頭期間進行不同的遊戲，增添趣味性。當寶寶趴著的時候，你可以呼喚寶寶的名字並保持視線一致，與孩子做同樣的動作，或者搖晃裝有豆子或米的容器，吸引孩子繼續抬頭。其他方法，包括：擺一面鏡子、軟布書，或是能發出聲音的玩具，也可以試著在透明夾鏈袋中放入半滿的水，加入亮片或泡泡等材料，製作一個感官遊戲袋。孩子可以用眼睛觀察在水裡移動的東西，這種軟綿綿的感官袋，會成為孩子在趴姿抬頭時非常有趣的陪伴。

如果看到寶寶開始有翻身的動作了，在他清醒的時刻，可以充分利用這一點來玩耍。即便寶寶還不會翻身，他們也會逐漸做好翻身的準備。如果寶寶試著抬高臀部，或者呈現用腿不斷支撐自己的姿勢，可以幫助寶寶側躺，引導他嘗試翻身的動作。實際翻身時，寶寶可能會傾向於用自己比較舒適的方向翻身，你可以協助他往左右兩側交替翻身，這也是一個很好的遊戲。

寶寶會開始想要認識並探索自己的身體，請讓寶寶自由地把拳頭和手放入嘴巴裡進行探索。從三個月開始，寶寶也會嘗試用手抓握東西。在這個時期，讓寶寶用手觸摸並撫摸不同材質的物品，有助於發展觸覺感知能力。請準備寶寶容易抓握且安全的玩具，例如，搖晃會發出聲音的搖鈴、柔軟的橡膠玩具、柔軟的布娃娃或手帕等，各種能夠刺激感官的觸覺玩具。由於寶寶開始想把一切都放入嘴巴裡探索，在這個時期要更注意玩具或物品的清潔。

由於口腔探索已經開始，因此寶寶會不斷試圖把所見的東西放入嘴巴。也許有的父母會擔心這樣很不衛生，或者擔心會成為習慣。但這其實是寶寶健康發展的證據，也是最重要的發展階段之一。請鼓勵寶寶自由探索吧！

在這個時期，寶寶會不斷嘗試抓握東西。你可以讓寶寶躺下並與他對視，然後在空中搖動手帕，讓寶寶去抓它。當寶寶抓住手帕時，稍微用力地拉一下，為了要抓好手帕，此時寶寶的手部會出力，如此可以促進大小肌肉的發展。除了手帕，只要是安全的東西，在有照顧者陪同的情況下也可以試著這樣玩。

寶寶逐漸開始發出咿咿呀呀的聲音，這時候，請對寶寶的聲音做出回應，並和寶寶交談。語言刺激是從新生兒時期就開始持續進行的活動，不僅僅是在寶寶開始說話的時候。舉例來說，如果寶寶睡覺醒來後，愉快地發出咿咿呀呀的聲音，你可以說：「我們可愛的○○，睡飽了吧？做了開心的夢嗎？」在餵奶後，你也可以說：「肚子飽飽的，心情愉快吧？」等等。請用緩慢而高聲調的方式說話，因為在這個時期，寶寶喜歡聽說話的人慢慢地、高亢地反覆說話，他們也會非常仔細的聆聽。

當寶寶發出「啊——」的聲音後停下來時，媽媽和爸爸可以趁機模仿發出同樣的聲音，有時候可以稍微變化一下，比如「啊哦啊——」，輕聲地和寶寶互動。你也可以把寶寶咿咿呀呀的聲音錄下來，再播放給寶寶聽，這也是一種不錯的方法。

如果寶寶的頸部肌肉發育得夠好，可以讓寶寶在大人的幫助下坐起來，探索嬰兒健力架或懸掛的玩具。在健力架上面懸掛著與寶寶視線同高，各種顏色和形狀的玩具，可以給寶寶多樣的刺激。會發出沙沙聲的布書，以及懸掛各種顏色、帶有環狀把手的玩具也很好。這類玩具可以提供視覺和聽覺雙重刺激，同時讓寶寶透過活動姿勢，運動大肌肉。抓握玩具則可訓練小肌肉，是活動身體非常棒的方式。如果寶寶的頸部仍然無法充分使力，還是可以用同樣的方式陪寶寶玩，只是讓寶寶平躺下來，照樣能享受親子間愉快的時光。或者用帶子鬆鬆地綁在躺著的寶寶腳上，並連接到吊掛的玩具（如嬰兒吊鈴），讓寶寶每次移動腳時都能發出聲音，也是一個不錯的方式。

請安排一些時間讓寶寶和鏡子互動。在這個階段，寶寶雖然還不能確切地意識到鏡中的影像是自己，然而，經常看到鏡中的影像，會更容易對自己的臉感到親切，更快培養辨識自我和他人的能力，也能更快開始模仿他人的行為。同時，在寶寶進行趴姿抬題時，把鏡子放在他的面前，可以讓寶寶專注觀察自己的模樣，對於提升趴姿抬頭練習也有幫助。因此，或坐或躺都可以，請輪流把鏡子放在寶寶側邊，讓寶寶和鏡中的自己互動。寶寶會喜歡看到自己的模樣，也喜歡和媽媽一起做有趣的表情。

開始從黑白懸掛玩具（例如：吊掛式黑白圖案玩具、黑白圖卡）轉換成有豐富色彩的繪本或懸掛玩具吧！選擇圖案大、形狀簡單的繪本，爸媽只需用簡單易懂的語句就能描述故事內容。對於已經熟悉黑白懸掛玩具的寶寶來說，彩色懸掛玩具能提供更多元的視覺元素；以前只能辨識物品的形狀，現在的寶寶已經能開始區別不同的顏色，可以更仔細地觀察每樣東西。你可以看到寶寶專注觀察懸掛玩具的畫面，並發出類似「這是什麼？那是什麼？」的好奇聲音。

這是感官發展迅速的時期。除了要為寶寶提供視覺和觸覺方面的刺激，還要提供適度的嗅覺和聽覺刺激，讓所有感官均衡發展。例如，讓寶寶聞聞柳橙的濃郁香氣，並用「這是酸甜的柳橙香味」等方式表達。另外，也可以將發散香氣的水果放在寶寶的臉附近，看看寶寶的頭是否會轉換方向。在這個時候，自然香氣比人工香氣更好。此外，兩到三個月左右是聽覺迅速發展的時期，對聲音會更敏感，請用柔和的聲音與寶寶交談，可以播放搖籃曲或古典音樂，或者是任何一種寶寶聽了會手舞足蹈的音樂。

(睡) 3個月寶寶的睡眠檢查清單

- 寶寶每次清醒的時間，至少要延長到90分鐘，最長可以到120分鐘左右。請確保白天小睡的總時間在4小時以內（如果超過，可能增加夜醒的機會），每次小睡不要超過2小時。
- 早上起床時間平均提前至6到7點，夜晚就寢時間也稍微提前至7到8點。若寶寶晚上8點前入睡，就不需要強行提早起床時間。

- 現階段的寶寶睡眠仍相當淺，發出咿咿聲入睡是正常的。深度睡眠週期在5到6個月後會更穩定；現在僅短暫睡20到30分鐘很正常，短時間的清醒和小睡也是合理的現象，不要強行延長小睡的時間。
- 寶寶可能會開始翻身。如果出現翻身的跡象，請開始練習慢慢不使用包巾。

戒包巾祕訣

用一週的時間練習，讓寶寶的一隻手臂從包巾中釋放出來。請先觀察寶寶是否特別喜歡吸吮某一邊的手指呢？（假設是左手）如果是的話，請讓左手露出來，讓寶寶有機會擺動手臂，讓肌肉逐漸適應這樣的變化。驚嚇反射則會隨著時間逐漸消失。建議在白天和晚上都這樣做，等寶寶適應了單手自由的狀態後，就可以釋放雙手，並將包巾更換成防踢被或背心式睡袋。

翻身地獄的破解法

寶寶通常在三到五個月時開始學習翻身，大約會有兩週時間比較受影響，即使在睡覺時，也可能會不自覺的翻來翻去。結果導致寶寶睡眠不佳，有時候還會在凌晨哭喊，彷彿在說：「噢，好難受！這樣該怎麼入睡啊？」

在這個時候，有個祕訣可以提供給大家。面對孩子的翻身地獄時，爸媽只需要秉持這樣的想法——「翻身地獄？沒問題！就讓孩子一直練習（翻身動作）直到厭倦為止吧！」在白天的玩耍時間開始特訓，讓孩子持續練習翻身動作，並繼續進行趴姿抬頭。這樣一來，寶寶也許會心想：「難道我睡覺也要繼續練習嗎？」半夜睡覺自然就不會再翻來覆去了。

記錄作息時間

如果有多位照顧者，請在孩子常待的房間或廚房放置記事本，記錄下孩子吃飯、睡覺和起床的時間，請務必確認是否如實記錄，並觀察孩子的作息。

即使處於幾乎都在睡覺的新生兒時期，有些孩子的睡眠情況比想像中還少，而有些孩子則是白天幾乎一直睡、必須頻繁喚醒他起來喝奶。事實上，每個孩子的情況都不一樣，了解問題是解決問題的第一步，建立規律的作息是照顧者的責任，即使一開始設定的計劃沒有完全實現，也無須因此失望。吃、睡、玩這些看似簡單的基本作息，其實對寶寶而言才是最困難的事情。

作息	時間	主要活動
早上起床	7:00	讓寶寶每天盡量在差不多的時間起床，控制在平均起床時間的前後半小時內。 若在早上6點醒來，可以開始一整天的作息。但如果前天晚上8到9點才入睡，而在早上6點前醒來時，建議多等待一點時間，再替孩子換尿布並餵奶。這時候的餵奶量應為平時進食量的一半左右。餵奶後請讓寶寶入睡，並在早上7點到7點30分之間喚醒寶寶，開始新的一天。
餵奶1（第一餐）	7:15	請不要在起床後馬上餵奶，先給寶寶一些清醒的時間。可以拉開窗簾讓陽光照進來，或是帶孩子走出房間與家人道早安，幫孩子伸展身體後，再換尿布。
小睡1	8:30~10:00	請注意，睡眠儀式不是從8點30分開始，而是在這之前就要結束。8點30分時，要將寶寶放回床上。
玩耍	10:10	寶寶醒來後，把他帶出房間，換尿布，並稱讚寶寶睡得很好。
餵奶2	10:15	試著安排每2.5到3小時餵一次奶。如果寶寶非常餓，可以提前餵奶。請在餵奶後拍嗝，並確保寶寶在喝奶時是清醒的。
小睡2	11:40~12:40	如果所有小睡都是保持在30到40分鐘之間並自然清醒，可以根據寶寶清醒的時間，安排下一次小睡。這個時間表僅供參考，不必強行讓寶寶配合這個時間點。

餵奶3	13:00	先玩耍一下之後進食，然後再小睡也可以。寶寶從小睡醒來後，不用立刻給孩子喝奶，請間隔至少5到15分鐘後再餵奶。請注意，寶寶喝奶時應該保持清醒。
小睡3	14:25~ 15:00	寶寶醒來後，請帶他到明亮的地方換尿布和玩耍（不要留在床上），並用熱情的聲音迎接他。
餵奶4	16:00	（餵奶間隔3小時）留意餵奶時，不要讓孩子睡著。
小睡4	16:50~ 17:30	（清醒時間1小時50分）結束睡眠儀式後，讓寶寶躺下。隨著夜晚的來臨，小睡可能越來越困難，寶寶會有些哭鬧（巫婆時間）。
洗澡	18:50	父母開始預備孩子夜晚的睡眠，幫寶寶洗澡，進入睡眠儀式。
餵奶5	19:05	這是今日最後一次餵奶。在餵奶時請持續把寶寶叫醒，別讓他睡著或進入發呆狀態。
夜間就寢	19:30	（清醒時間2小時）結束夜晚睡眠儀式後，讓寶寶上床、進入睡眠。入睡後什麼時候醒來，就交給寶寶自行決定，不要過分掌控夜奶的時間。當寶寶醒來時，先等幾分鐘觀察狀況，再幫他換尿布、餵奶。

＊重點不是要按照時間表的間隔餵奶，而是在寶寶清醒的時候進行餵奶。

4～6個月（120天～209天）

吃

在這個時期，「吃玩睡」的循環應該更加順暢。如果寶寶仍然在吃東西的時候睡著，可能是由於餵奶不順、餵奶間隔未固定，或者是已經形成習慣。餵奶間隔時間最短約為3小時，但從這個階段開始，通常會延長到約4小時。以下是一位已經完成睡眠訓練的案例。

「我們家的智秀從新生兒時期開始，就只有在睡覺時才願意喝奶，進行吃、玩、睡循環對她來說非常困難。雖然餵奶量不太確定，但在三至六個月大時，每次喝奶的量都不多。每當嘗試給她喝奶時，她就會哭泣且不願意喝，還會一直玩奶瓶，這給我們帶來了不小的壓力。在前三個月裡，吃、玩、睡這些基本活動沒有被明確區分，根本無法想像4小時一餐的餵奶間隔，很快地，孩子就長大到了六個月。透過睡眠訓練，她的吃、玩、睡循環得到了改善，她不再在吃飯時打瞌睡，也不再玩奶嘴，只要一準備餵奶就哭鬧的習慣也改掉了。建立了良好的睡眠模式後，她成了一個好吃好睡的寶寶！」

像智秀一樣，如果吃飯的問題沒有解決，就可能對睡眠產生一定的影響。反之，不規律的睡眠模式，也可能對餵奶產生影響。這就是為什麼睡眠和餵奶之間，存在高度相互關聯的原因。

如果睡不好，孩子整天都會感到煩躁、身體充滿壓力，在交感神經受到刺激的情況下，就會更興奮、情緒更不穩定。孩子可能會陷入不吃飯、不睡覺的惡性循環。請記住，除了睡覺之外，吃東西也很重要。

玩

大約從四個月開始，寶寶已經能夠很好地控制頭頸部並且翻身，還能伸手抓取物品。因此，除了與伸展肢體相關的遊戲，也可以開始使用不同類型的玩具進行遊戲，父母能與寶寶玩的互動遊戲更多了。給寶寶適合月齡發展的各種遊戲和刺激，有助於促進發展。

尤其是感覺與運動統合方面的遊戲，兩者結合在一起時，對寶寶的發育更好。舉例來說，會發出聲音的彩色手搖樂器玩具，同時可以刺激孩子的視覺、聽覺與觸覺，還可以加強小肌肉的發展。針對四個月左右的嬰兒，嬰兒遊戲專家崔智藝分享了五個玩樂中育兒的關鍵要素：

第一點，先了解孩子的成長和發展程度。

即使遊戲看起來很有趣，如果孩子的發展能力還不適合這個遊戲，孩子會很容易失去興趣。即使只是拉扯手帕的遊戲，若孩子還沒辦法牢牢握住，手帕就會一直從手中滑落，難以保持孩子的興趣。同樣的，對於能自由活動手指的孩子來說，拉手帕的遊戲可能又會太單調。在進行遊戲之前，請先確認孩子的發展水平適合該遊戲。

第二點，考慮孩子的氣質、興趣和性格。

其他孩子玩得很開心，不代表你的孩子就會喜歡。根據孩子與生俱來的性格與氣質，可能會對某些遊戲興致缺缺或者非常討厭。舉例來說，滑溜溜的觸感遊戲或許很適合觸覺不敏感的孩子，但敏感的孩子可能會不喜歡。藉由多次嘗試，找出孩子喜歡和不喜歡的事物，並持續記錄孩子的喜好，以便在下次遊戲時做出更好的因應。

第三點，把遊戲的主導權交給孩子。

當孩子玩得正開心時，如果爸媽一直提供自己挑選的其他玩具，並強迫孩子照自己期望的方式玩遊戲，可能會阻礙孩子的自主性。在父母干擾下進行的遊戲，對孩子來說不是真正的遊戲，孩子也很難真正投入其中。此外，媽媽試圖透過遊戲去教導孩子學會某樣東西的態度，也可能會干擾孩子的遊戲過程。

在玩樂的過程中，最重要的是：無論是什麼類型的遊戲，都要尊重孩子的主導權，讓他們按照自己的想法去玩。即便遊戲的進行方式不如大人預期的理想，也應尊重並支持孩子的選擇，讓孩子愉快地享受玩樂時光。

第四點，讓遊戲自然地發生在日常生活中。

不用在特定的時間告訴孩子：「現在是遊戲時間。」再把指定的玩具交給孩子，強迫孩子照這樣玩。相反的，我們建議在日常生活中自然地遊戲。不要用爸媽自己做的玩具，強迫孩子一定要感到好奇或拿起來玩，要讓玩具成為孩子生活周遭的一部分。當孩子對於新出現的玩具表現出興趣，遊戲會自然發生。舉例來說，孩子吃完飯後，掉落在餐桌上的飯菜，可以不用立刻收拾，如果孩子好奇而去觸摸，這樣就可以自然進行觸感遊戲。

第五點，重複玩耍，可以讓遊戲有更好的效果。

遊戲不要只玩一次就結束，請重複進行。孩子的大腦會透過反覆的經驗而發育成長，有效的重複比單一的體驗更重要。孩子昨日可能對某個玩具不感興趣，今天可能就開心地玩著。即使是相同的遊戲，也可以在不同的日子以不同的方式進行並變化，例如，可以改變感官遊戲袋裡面的材料等。

睡

隨著清醒時間逐漸增加，白天的小睡次數會減少為3次。清醒時間約為2小時至2小時15分鐘左右，有些寶寶可以撐到2小時30分鐘。白天小睡的總時間約為3小時，不宜超過3小時30分鐘。這個時期要積極培養孩子自己入睡的習慣，這樣未來面對睡眠倒退期、飛躍期等的時候，孩子才能透過已有的習慣，在半夜醒來時自己重新入睡。

發生在4個月大時的睡眠倒退期

睡眠倒退期通常發生在寶寶三到五個月之間，大約會持續2到4週，長的話可達6週，這段時間會對睡眠造成很大影響。睡眠倒退期的發生是因為大腦開始發展出新的睡眠週期，就像平時在淺水坑中嬉戲的孩子，突然走進一個需要「潛到底再浮出水面」的深水池一樣（深度睡眠週期）。對此，孩子可能會感到困惑：「我怎麼突然變了？我以前都睡得淺淺的、很有規律啊。」

這個時期有點像翻身地獄，對吧？通常在這個時候，孩子和父母都會睡得很不好（我在這個時期也很崩潰）。但好消息是，雖然這是一個相對困難的時期，但過去後，情況就會逐漸好轉！孩子的夜間睡眠會更穩定，小睡時間也會延長。以我們家孩子為例，在睡眠倒退期之前的小睡只有40分鐘，之後就突然開始延長睡眠了。

發生在6個月大時的飛躍期

寶寶通常在六個月大時，會經歷一次的飛躍期。孩子可能會拒絕小睡，也可能不願意在晚上入睡。例如我們的孩子，那時候會在入睡後2到3小時就醒來，然後哭鬧1到2小時才肯再入睡。這段時間，我們需要餵奶、抱著安撫，真的很辛苦。但請記住，這個階段通常會在兩週內過去！

著名的心理學家暨《*Sleeping Through the Night*》（意譯：睡過夜）一書的作者喬迪・明德爾指出，如果孩子在6個月後還有睡眠問題，這種情況有84％的機率會一直持續到3歲。這項研究結果告訴我們：這6個月真的非常關鍵。

作息	時間	主要活動
早上起床	7:00	每天盡量在差不多的時間起床，在平均起床時間前後半小時都是可以接受的範圍。 如果孩子在早上6點醒來，可以開始一天的作息。但如果孩子晚上的睡眠時間不足10小時，請多等待一點時間，再替孩子換尿布和餵奶。建議餵奶量應為平時進食量的一半左右。餵奶後請讓寶寶入睡，並在早上7點到7點30分之間喚醒寶寶。
餵奶1 （第一餐）	7:15	請不要在起床後馬上餵奶，先給寶寶一些清醒的時間。可以拉開窗簾讓陽光照進來，或是帶孩子走出房間與家人道早安，幫孩子伸展身體後，再更換尿布。
小睡1	9:00~ 10:00	請注意，睡前儀式不是從9點開始，而是在之前就要結束，9點是孩子上床的時間。
玩耍	10:10	寶寶醒來後，把他帶出房間，換尿布，並稱讚寶寶睡得很好。
餵奶2-1 （副食品）	10:30	引導添加副食品。添加副食品的時間沒有統一的標準，通常會在4到6個月之間開始吃副食品，但現在大多數專家建議從6個月開始。最好的方法是根據孩子的發展情況，在諮詢兒科醫生後進行。
餵奶2-2	11:00	補充母奶或配方奶（請提供孩子想吃的量。即使開始添加副食品，孩子目前的主要營養來源仍是母奶或配方奶。）

小睡2	12:15~13:45	如果所有小睡都是保持在30到40分鐘之間並自然清醒，可以根據寶寶清醒的時間，安排下一次小睡。這個時間表僅供參考，不必強行讓寶寶配合這個時間點。
餵奶3	14:45	先玩耍一下之後進食，然後再小睡也可以。寶寶從小睡醒來後，不用立刻給孩子喝奶，請間隔至少5到15分鐘再餵奶。請注意，寶寶喝奶時應該保持清醒。
小睡3	16:00~16:45	寶寶醒來後，不要讓他留在床上玩，要帶到明亮地方換尿布，並用熱情的聲音迎接他。
洗澡	18:30	準備讓寶寶入睡，為寶寶洗澡，開始整個夜晚的睡眠儀式。
餵奶4（最後一餐）	18:45	（餵奶間隔4小時）進行最後一次餵奶。最後餵奶時，持續叫醒寶寶，防止他閉上眼睛睡著或發呆。
夜間就寢	19:15	結束夜晚睡眠儀式後，讓寶寶上床、進入睡眠。入睡後什麼時候醒來，就交給寶寶自行決定，不要過分掌控夜奶的時間。當寶寶醒來時，先等幾分鐘觀察狀況，再幫他換尿布、餵奶。

7～11個月（210天～330天）

吃

隨著吃副食品的次數增加為1到3次，餵母乳或配方奶的次數會逐漸減少。有些父母為了避免孩子吃了副食品後不喝奶，會刻意將吃副食品和喝奶的時間分開。我自己也是這樣做，原因是孩子吃副食品的量很少，如果讓他接續喝奶，他常常會拒絕，如此下來他的一天飲食量恐怕不夠。

不過，每個孩子的飲食作息都不同，有些孩子在七個月時會一天吃3次副食品加上喝3次奶；有些同年紀的孩子，則是只吃1次副食品加上喝4到5次奶。所以重點在於，應該根據孩子的一整天作息、副食品的攝取量、喝奶狀況以及體重發展來做評估。

但要記得，截至目前為止，孩子的主要營養來源仍然是母乳或配方奶，而非副食品，因此需要更加關注孩子的餵奶量。請注意，不要讓孩子在喝奶的時候睡著了。此外，這個階段的孩子，即使父母不拍嗝，他也有能力自己打嗝。

玩

孩子的活動範圍逐漸擴大，他會渴望更自由地活動，如果整天只能躺著、坐著，或者父母因為外出時間較長，與孩子的互動減少，都可能影響睡眠，例如，半夜頻繁醒來，或者入睡更困難。因此，孩子需要在白天與父母進行充分的互動，特別是在這個時期，有些寶寶會開始出現分離焦慮。

分離焦慮

分離焦慮通常始於八個月，並在十四個月時達到高峰，有時會持續到4歲。每個孩子的焦慮程度有很大的差異。有些孩子即使沒有接受過睡眠訓練，分離焦慮卻很嚴重，而另外一些孩子，雖然有接受過睡眠訓練卻沒有分離焦慮。其實，分離焦慮的程度並不完全取決於有沒有進行過睡眠訓練。

若孩子有嚴重的分離焦慮，建議父母要積極介入並進行睡眠訓練，並且不要使用高強度的「費伯法」，而是使用「抱放法」、「噓拍法」或「椅子法」（編按：一種相對緩和的睡眠訓練方法，寶寶在夜間昏昏欲睡、準備入睡前，坐在寶寶床邊的椅子上陪伴，如果寶寶哭了就輕拍他安撫，但不要抱起來，當寶寶安定下來後，就稍微拉開距離，重複這樣的做法直到寶寶睡著。）即便孩子有分離焦慮，仍有可能進行睡眠訓練，但建議採用溫和的訓練方法。

如何面對新的發展階段

在寶寶進入新的發展階段，例如猛長期時，他自己也會很困惑。即便是原本作息和習慣都很穩定的孩子，也可能在這個時期出現睡眠問題。「坐立地獄」這個詞，通常用於形容七到八個月左右的成長階段。此時，孩子開始對扶著東西站起來充滿興趣，並且開始學會坐起來。有時，多個發展會同時發生，有時則是一個一個接連報到。

就像寶寶之前在學習翻身時，睡覺前可能會突然翻過去一樣，現在他們在入睡前可能會突然坐起來，或扶著嬰兒床的欄杆站起來，對著門哭喊，希望被爸爸媽媽擁抱。

這些發展對孩子來說，都是全新的體驗，他們正在適應，所以才會哭泣、表達不安。父母無須太驚慌，應保持原有的睡眠訓練原則。若父母此時出現這種想法：「孩子會坐會站了，看起來真的沒辦法自己睡，他現在需要我幫忙哄睡吧。」只要連續三天幫寶寶入睡，他可能會很難再回到自己入睡的習慣。

因此，如果孩子出現新階段的成長，請在白天給他們足夠的時間練習，並與他們多互動，讓他們有機會發揮新的能力。如此一來，孩子在入睡時，試圖坐起來或站起來的機率就會大幅減少。

睡

7到11個月寶寶的睡眠檢查清單

- 每次清醒的時間逐漸增加到3到4小時之間。
- 這段時間是小睡轉換期。寶寶通常在7到8個月時，一天的小睡會從3次減少到2次。
- 請確保白天的小睡總時間不超過3小時。若超過3小時，半夜醒來的機率會大幅增加。
- 請確保每次小睡都不超過2小時。
- 早上起床時間平均為6到7點，晚上就寢時間為7到8點。
- 寶寶的睡眠會變得比之間更深沉。白天的小睡可以自行延長（延長30分鐘以上），夜間睡眠也接近10到12個小時（無需夜奶，可睡過夜）。

作息	時間	主要活動
早上起床	7:00	每天在差不多的時間起床，雖然起床的時間不用很精準，但建議掌握在平均起床時間的前後半小時之內。 如果早上6點醒來，可以開始一天的作息。但是，如果孩子晚上的睡眠時間不足10小時，請多等待一點時間，再替孩子換尿布和餵奶。建議餵奶量應為平時進食量的一半左右。餵奶後請讓寶寶入睡，並在早上7點到7點30分之間喚醒寶寶，開始新的一天。
餵奶1（第一餐）	7:15	請不要在起床後馬上餵奶，先給寶寶一些清醒的時間。可以拉開窗簾讓陽光照進來，或是帶孩子走出房間與家人道早安，幫孩子伸展身體後，再更換尿布。
餵奶1-2（副食品）	9:15	以下是副食品和奶分開餵食的時間表。 建議先讓寶寶吃副食品再進入小睡。如果不是這樣做，而是讓寶寶在小睡1睡太久，那麼接下來的餵奶間隔可能會比預期還要長。
小睡1	10:00~11:00	白天的總睡眠時間維持在2.5到3小時之間。不需要強制將第一次小睡限制在1小時以內。讓寶寶自己決定入睡時間，但請確保所有的小睡都不要超過2小時。到餵奶時間時，請把寶寶叫醒。
玩耍	11:10	寶寶醒來後，把他帶出房間，換尿布，並稱讚寶寶睡得很好。

餵奶2	11:30	請根據副食品分量，調整餵奶時間或分量。
餵奶2-2 （副食品）	13:40	以下是副食品和奶分開餵食的時間表。 在第二個小睡之前餵副食品。
小睡2	14:20~ 15:50	如果所有的小睡都自然醒來，也沒有自行延長，可以根據寶寶清醒的時間，安排下一次小睡。這個時間表僅供參考，不必強行讓寶寶配合這個時間。
餵奶3 （副食品或奶）	16:10	由於最後一餐奶和這一次進食的時間相距不遠（3小時20分鐘），可以彈性調整餵副食品或餵奶。如果寶寶副食品吃得不多，那麼此時可以讓他再補一次奶；但如果副食品吃得較多，且正在逐步減少奶量，那麼也可以選擇再補一些副食品。我自己平常是餵孩子喝180～200ml的奶，在這種情況下，則會稍微減量至120ml。
洗澡	19:10	幫寶寶洗澡是夜晚入睡前的準備，睡眠儀式正式開始。
餵奶4 （最後一餐）	19:30	進行最後一次餵奶。此時請持續叫醒寶寶，別讓寶寶睡著了或閉上眼睛。
夜間就寢	19:50	（清醒時間4小時）結束夜晚睡眠儀式，讓寶寶上床、進入睡眠。入睡後的起床時間就交由寶寶自行決定。

12～14個月（小睡兩次）

吃

這是從副食品過渡到幼兒餐的階段，對於喝配方奶的寶寶來說，也是斷奶的時候。對於喝母乳的寶寶，父母則可能會選擇將母乳當作零食，逐步減少給予的量，或者逐漸轉換成用牛奶取代母乳。隨著活動量的增加，寶寶的食量可能增加，也可能減少。當寶寶快速成長時，飲食量可能會急劇增加；而當寶寶的成長進展緩慢時，飲食量可能會減少。

在這時期，由於寶寶會開始吃一些零食或小點心，因此父母需要更加注意寶寶的口腔護理。此外，有時寶寶會因為吃了太多零食而拒絕正餐，因此為孩子建立正確的飲食習慣非常重要，並確保他在白天有攝取足夠的飲食和水分，這樣夜間睡眠就不會受到飢餓影響。

以下分享一個實際案例。有一個十四個月大的寶寶，每天晚上，不論是9點或10點入睡，總是會在凌晨5點醒來。在檢查寶寶的睡眠需求、是否有分離焦慮、活動量以及整體的進食狀況後，發現寶寶早醒的原因是太餓了。當時，寶寶每天攝取的奶量約為200到300毫升，而且在白天也很少吃固體食物。後來，增加了牛奶和固體食物的攝取量後，寶寶每晚就可以睡到12個小時。這個案例提醒我們：白天吃得不夠，有時會對夜間睡眠產生影響，這是一個需要注意的情況。

玩

這個時期，讓孩子在白天好好的活動變得非常重要，白天活動量不足，可能會影響睡眠品質。而且很多孩子會開始上托嬰中心，因此父母和孩子相處的時間可能會減少。然而，親子互動時，「質」比「量」更重要。即便只有短短的陪伴或遊戲時間，只要能夠尊重孩子，細心觀察孩子的需求，同時對於他的情緒反應給予適度的回應，有效增強其安全感與情緒的穩定後，就能對孩子的睡眠模式產生良好的影響。我在為這個月齡的孩子進行睡眠訓練時，也都會建議他們的父母，每天至少花10到15分鐘進行高品質的互動遊戲。

孩子們需要釋放能量，如果這種能量沒有充分釋放，將對睡眠產生影響。從十二個月開始，孩子會慢慢開始學走路，活動範圍逐漸擴大。遊戲成為他們非常重要的時間，透過與父母玩耍和充分互動，能減輕孩子的壓力、緩解緊張情緒、培養健康情緒，並且能建立起更緊密的依附關係。孩子的心情輕鬆愉快時，睡眠也會更加舒適。

12～14個月（小睡兩次）寶寶的好眠作息

作息	時間	主要活動
早上起床	7:00	盡量在平均起床時間前後半小時內起床。如果在早上6點醒來沒關係，可以開始一天的作息。但如果寶寶前一晚沒有睡滿10小時，請讓他待滿10小時再起床。
副食品（早上）	7:30	請不要在起床後馬上餵奶，先給寶寶一些清醒的時間。可以拉開窗簾讓陽光照進來、走出房間與家人道早安、幫孩子伸展身體，並更換尿布。
點心/牛奶	9:15	吃一些點心或喝點牛奶，在小睡前補充熱量。進食過程中避免太亢奮，影響入睡。
小睡1	10:30~11:30	小睡的目標是一天最多2.5到3小時。小睡時間長，晚上的入睡時間可能會稍微延後。
玩耍	11:40	寶寶醒來後，帶出房間，換尿布，並稱讚寶寶睡得很好。
午餐	12:30	午餐的時間和分量可以根據寶寶的狀況彈性調整。例如：早上活動量特別大，就會提早餓；或是前一餐吃得多，這一餐就吃得少。
點心/牛奶	14:30	吃一些點心或喝點牛奶，在小睡前補充熱量。進食過程中避免太亢奮，影響入睡。
小睡2	15:15~16:00	如果每次小睡都30～40分鐘就醒來，也沒有自行延長，可以根據清醒時間，安排下一次小睡。但小睡時間越長，晚上就會越晚睡。
點心	16:30	建議在晚餐前吃適量的點心。
副食品（晚上）	19:00	請確保晚餐吃得飽飽的。如果吃得不夠，之後可以再補充一些點心。
洗澡	20:00	開始晚上的睡眠儀式。
夜間就寢	20:30	結束睡眠儀式，讓寶寶上床、進入睡眠。

睡 12到14個月寶寶的睡眠檢查清單

- 醒著的時間逐漸增加，可以維持約3小時30分鐘至4小時30分鐘左右。
- 進入白天小睡的轉換期，小睡次數可能會從2次減少到1次。
- 一天的小睡總時間不超過3小時。如果超過，孩子有很高機率會在半夜醒來。
- 早上起床時間平均為早上6到7點，晚上就寢時間為7到8點。
- 為了避免孩子從床上掉下來，請使用有四邊防護欄的嬰兒床。

許多父母在孩子試圖從床上爬出來時，任憑孩子那麼做，但其實孩子還沒有足夠的「自我保護能力」。在這種情況下，孩子可能會不肯好好睡覺，並且也存在安全疑慮。國外曾有報導，孩子趁父母睡覺時，從床上爬出後發生了意外事故。

像是孩子爬到抽屜櫃上，導致抽屜櫃傾倒；孩子把手指伸進插座，導致觸電；孩子從家中的樓梯上摔下來；孩子的頸脖被纏繞在百葉窗繩上等等，很有可能造成無法挽回的悲劇事故。由於孩子對安全的認識尚不足，父母務必特別留意。當父母入睡時，自然無法隨時照看孩子的狀況，因此應使用四面有防護欄的床，以防止孩子摔落。

14～24個月（小睡一次）

吃

吃的習慣和12至14個月的嬰兒相似，咀嚼能力、手部協調、模仿能力有所進步，鼓勵孩子用手或湯匙吃東西，練習自主進食。重點在於，尊重孩子的飽足感，不強迫孩子進食；並嘗試多樣食材，建立多元的味覺體驗。

玩

孩子會從這個時候開始，探索自己能做到的領域。簡單來說，孩子會透過哭泣或反抗，不斷測試自己能做什麼、不能做什麼。

叛逆期

孩子第一個叛逆期通常發生在18個月左右，孩子可能會突然拒絕原本喜歡的活動，父母會在育兒上經歷很大的困難。此時需要多多關心孩子，高品質的遊戲、父母適時的陪伴與白天充足的活動量，都會對睡眠產生很大的影響。此外，建立家庭中明確的基本規則非常重要。即使孩子哭泣，父母也要讓孩子知道原則就是原則，不會輕易改變。

叛逆期通常需要2到4週的時間緩解。在這個階段最實際的建議，是讓孩子的依附對象轉移到別的物品上，像是安撫玩偶或小被子等，並且賦予孩子自主權，同時以溫暖而堅定的態度養育孩子，建立一致的育兒方針。

即便孩子哭泣，也不代表所有事情都要順著孩子。舉例來說，每天可以看電視的時間是固定的，就算孩子哭著要看電視，也不能違背原則，無須擔心孩子會因此而失去依附的物品、與父母的感情變差或對父母失望。育兒和睡眠訓練是同樣的道理，拒絕孩子看電視的要求，不會讓孩子與父母的依附關係崩潰，請記住，育兒的一致性非常重要。

睡 14到24個月寶寶的睡眠檢查清單

- 清醒時間逐漸增加，可以維持約4個半到6個小時。
- 白天只會規律小睡1次。從22個月大到5歲之前，孩子可能會在某個時間點不再小睡，這個時間點的差異因人而異。
- 確保每天小睡時間不超過3小時。如果超過，孩子有很高機率會在半夜醒來。
- 早上起床時間平均為6到7點，晚上就寢時間為7到8點。
- 在孩子滿2.5到3歲之間，已培養好自我控制能力時，為孩子打造一個可以自行上下床的睡眠環境（例如將嬰兒床換成沒有護欄的兒童床）。

14～24個月（小睡一次）寶寶的好眠作息

作息	時間	主要活動
早上起床	7:00	每天盡量在差不多的時間起床，在平均起床時間的前後半小時都是可以接受的範圍。如果在早上6點醒來，可以開始一天的作息。但如果寶寶前一晚沒有睡滿10小時，請讓寶寶待滿10小時再起床。
副食品（早上）	7:30	請不要在起床後馬上餵奶，先給寶寶一些清醒的時間。可以拉開窗簾讓陽光照進來、走出房間與家人道早安、幫孩子伸展身體，並更換尿布。
點心/牛奶	9:15	吃一些點心或喝點牛奶，補充熱量。
玩耍	9:30	遊戲時間非常重要，請讓寶寶在陽光下玩耍、活動身體。
午餐	11:30	在小睡前用完午餐，讓孩子維持穩定的作息節奏。
小睡	12:15~14:15	小睡的目標是一天最多不超過2.5到3小時。請注意，小睡時間越長，晚上的入睡時間可能會稍微延後。
點心/牛奶	14:30	吃一些點心或喝點牛奶，補充熱量。
點心	16:30	建議在晚餐前提供適量的點心。
副食品（晚上）	19:00	請確保晚餐吃得飽飽的。如果吃得不夠，之後可以再補充一些點心。
洗澡	20:50	開始進行睡眠儀式。
睡覺	21:15	結束晚間睡眠儀式，讓寶寶上床、進入睡眠。入睡後什麼時候醒來，就交由寶寶自行決定。

第五章

解惑「好眠Q&A」，陪你走過育兒路上的焦慮

寶寶睡不好，也可能是「正在發育中」

Q 孩子會翻身了，但卻因為翻來翻去睡不好，該怎麼辦？

當寶寶開始學會翻身時，即使是在睡眠中，他們也會不停地翻動身體，因此睡得很不好。這個時期的寶寶會覺得：「哇，我會翻身了！」因此想要不斷練習。但如果每次寶寶一翻身，我們就立刻把他翻回來，他就會認為：「我又有翻身的機會了！我要繼續翻身！」便一再重複這個動作。也因為寶寶還不會自己翻回來，所以他們只能依賴父母的幫忙。這時候，建議不用立刻把寶寶翻回來，只要確定寶寶處於安全狀態，可以稍微等待一下，再幫助他們翻回去。

如果寶寶翻身後睡著了，請用攝影機確認他們的呼吸是否正常，等他們熟睡十到十五分鐘後，再幫他們調整姿勢，讓他們躺好。在白天讓寶寶多嘗試翻身也會有幫助。當寶寶進入可以自行翻身又翻回來的階段後，翻身入睡也沒有問題。最重要的是，寶寶開始學會翻身時，就應該停止使用包巾等物品，因為一旦寶寶的雙臂被困住時，如果他們突然翻身，可能會有窒息的危險。

Q 什麼時候要讓孩子「戒奶嘴」？該怎麼戒比較好？

首先，如果寶寶對奶嘴的依賴性不高，就沒有必要急著戒奶嘴。很多人對於「戒奶嘴」的意思有一些誤解，其實只要將「戒奶嘴」理解為戒掉與睡眠有關的習慣（睡眠聯結）即可，在日常生活中仍可以使用奶嘴。換句話說，在寶寶嬉戲、玩耍或是鬧脾氣等的時候，都可以使用奶嘴，但到了該睡覺時，就不要使用奶嘴。

寶寶在睡眠中對奶嘴的依賴性很高，這種情況指的是寶寶必須有奶嘴才能入睡、沒有奶嘴就難以自己延長小睡和夜間睡眠、不斷尋找奶嘴等。而即使奶嘴對睡眠沒有造成干擾，仍可以根據寶寶的月齡，選擇逐步戒除或者一次就戒掉。

Q 孩子睡覺吸手指是壞習慣嗎？應該制止他嗎？

首先，寶寶在大約三個月、進入口腔期時，會開始吸吮並探索手部。吸吮手指是非常自然的發展階段，這個時期的寶寶在玩耍或睡覺時，通常都會一直吸吮手指。有的父母會因為擔心而試圖阻止寶寶這麼做，使用手套包住他們的手，甚至是提供奶嘴。根據美國牙科協會的說法，吸吮手指是寶寶從胎兒時期就有的自然反射行為。吸吮手指讓寶寶感到安全和穩定，這是一種自我安撫的手段。

所有的寶寶都會吸吮手指，但大多數會在成長過程中自然停止，養成習慣的情況並不常見。即使有些孩子吸吮手指的行為延續得比較久，但通常也會自然消失，所以父母不必太擔心。大多數孩子在二歲到五歲之間，會自然停止吸吮手指。如果孩子不再吸吮手指，他們可能會轉而使用玩具、手帕等作為安撫。如果各位仍然擔心，請諮詢兒科醫生或牙科醫生。

Q 孩子白天都睡很短，有辦法讓他睡一兩個小時嗎？

首先，如果想要孩子延長白天小睡時間，就必須讓孩子學會「自行入睡」。如果孩子原本就沒有自行入睡的能力，那麼當他在睡覺過程中進入淺眠階段時，便很難進入深度睡眠，因此就會醒過來甚至哭鬧。理論上，小睡延長的能力會在寶寶五到六個月大時，逐漸發展起來。這此之前，這項能力還非常不成熟，因此很難滿足父母的期待。但根據實際諮詢經驗，即便是月齡較小的寶寶也可以逐漸建立自行入睡的習慣，並自行延長小睡的時間。雖然還不太成熟，但並非不可能。如果孩子已經培養了自行入睡的習慣，但還是無法延長小睡，建議考慮進行一對一的睡眠諮詢，以獲得更詳細的診斷。

Q 什麼是「飛躍期」？對睡眠有什麼影響？

在兩歲之前，孩子會經歷十二次腦部快速發育的「飛躍期」（Wonder Weeks）。在這段時間內，睡眠可能會受到影響。原本建立好的穩定睡眠模式受到干擾，因此更容易在夜晚頻繁醒來，小睡時間也比平時更短等。不過，飛躍期通常會在一到兩週內結束，無須太擔心，務必維持原本的睡眠訓練計劃。

很多人問：「孩子在飛躍期時很辛苦，父母能哄他入睡嗎？」事實是，如果每次一到飛躍期都改變入睡的做法，孩子反而會感到困惑，所以請務必保持一致。在育兒過程中，你可能也很常懷疑，孩子現在的混亂真的就是飛躍期嗎？只需要簡單想：「寶寶原本睡得好好的，怎麼突然又開始哭了呢？哦，那一定是你正在努力長大，辛苦了。」這樣想就好多了。

Q 聽說長牙時會很難睡？該怎麼辦？

第一次長牙真的很辛苦，孩子不容易，父母也很煎熬。身為新手爸媽，我們不知道孩子會在什麼時候開始長牙，本來就有些擔憂，這時候如果又在媽媽的社群討論串裡，看到各種可怕的長牙故事，真的會讓人更焦慮。一般來說，第一次長牙會發生在出生後三個月到十四個月之間，不適感通常會持續3到5天左右，疼痛程度不算嚴重，只是會有一種不舒服的感覺。

即便是已經完成睡眠訓練的孩子，也可能出現長牙症狀（例如牙齦腫脹、發癢、疼痛等）。不過，一旦牙齒頂破牙齦、冒出來之後，不適感就會宣告結束。經過睡眠訓練的寶寶，在長牙期、飛躍期和睡眠倒退期期間的不適，通常會比未訓練過的孩子輕微。若孩子因為太不舒服而難以入睡、表現出明顯疼痛的樣子，可以在入睡前一小時給孩子服用符合年齡的止痛藥（務必要遵照醫師的指示）。長牙的不適，不會持續超過五天，這個階段會過去的，請父母不要過度擔心。

Q 什麼是「小睡轉換期」？

小睡轉換期，聽起來是不是很陌生呢？這指的是寶寶小睡次數發生變化的時期。舉例來說，如果平常一天小睡五次，現在只小睡四次，就可以說，孩子進入了小睡轉換期。為什麼會有小睡轉換期呢？這是因為隨著孩子的成長和發展，睡覺以外的活動時間增加了，孩子不會像以前一樣容易感到睏倦，因此不會再照著過去的睡眠時間點休息。

試著想像一下，以前每30到45分鐘就會感到疲倦的孩子，現在卻能保持1～1.5小時的清醒狀態，這麼一來，需要的睡眠次數自然會減少。而在這個轉換期中，孩子可能會突然大哭大鬧後才睡著，或者入睡時間比平常時間更久，甚至，開始拒絕最後一次的小睡。

小睡轉換期一般發生的時間點為：四到五個月時，小睡從4次減少到3次；7個月時，小睡從3次減少到2次；十二到十四個月時，小睡從2次減少到1次。最難熬的小睡轉換期是發生在七個月時，小睡次數從3次轉換到2次。原因是清醒時間急速增加，容易因為過度疲勞而導致睡眠不穩定。一個孩子要完全適應小睡轉換期，通常需要兩至六週的時間。

關於睡眠環境的問題

Q 孩子每次在奶奶家睡覺都爆哭，睡眠訓練可以改善這個情況嗎？

接受了睡眠訓練，不代表孩子此後就能隨時隨地都睡得很好。睡眠訓練的目標是讓孩子培養自行入睡的習慣，而不代表無論在什麼樣的環境或情境下，都一定能入睡。然而，如果打造出良好的睡眠環境，經過睡眠訓練成功的孩子，通常也能睡得不錯。對於需要較長時間適應變化的孩子來說，可以透過在家以外的場所進行睡覺練習，就能逐步解決問題。

Q 從孩子幾歲開始分房睡比較好？

美國兒科學會建議，開始分房睡的最小年齡為六個月，但為了安全起見，最好是在寶寶十二個月後再開始。主要原因是嬰兒猝死症的風險會從六個月開始逐漸下降，而到十二個月時已相對降低。由於分房睡對於寶寶和父母來說都是一種變化，因此建議父母在心理做好準備，且確認孩子房間環境的安全後，再開始進行分房睡。

Q 孩子快要會翻身了，還能用包巾嗎？會不會因為驚訝反射睡不好？

驚嚇反射是新生兒的原始反射，從出生就有，到六個月大之前會逐漸減弱。這個反射在寶寶睡覺時特別明顯，可能會在快睡著前或睡覺途中發生，導致寶寶醒過來。由於寶寶最快在三個月前就會嘗試翻身，但如果翻身的時期較早開始，驚嚇反射自然會更加強烈。然而，若因此阻止孩子自行翻身，用枕頭或墊子擋住，又或者用包巾把孩子包住，反而存在危險性。

當孩子開始出現翻身的前兆時，可以先把寶寶的一隻手從包巾裡拿出來，用一週左右的時間讓孩子適應。當然，在這段期間裡，孩子可能仍然會因驚嚇反射而導致入睡困難或經常驚醒。由於這涉及到寶寶的安全問題，務必讓寶寶逐步適應。如果露出一隻手後，寶寶適應得很好，可以接著再把另一隻手拿出來，同樣地繼續適應一週。

Q 寶寶會翻身後，就不能繼續使用防側翻枕了嗎？

是的！我建議不要使用防側翻枕。隨著寶寶月齡增加，如果在睡覺時翻身，可能會把臉埋進枕頭裡，這樣可能發生危險。

正如美國兒科學會和韓國兒科學會所言，任何用來固定寶寶身體的枕頭或產品都不建議使用，因為這類用品會增加窒息風險。最好的戒除方式是直接完全停用。在多數情況下，寶寶一週內就能戒掉防側翻枕。我想分享以下的案例：

有一位媽媽讓孩子使用了防側翻枕、包巾、安撫玩偶、奶嘴等，六、七種與睡眠相關的依賴物品。由於她希望能採用不讓孩子哭泣的睡眠訓練方式，因此想慢慢地讓孩子停用這些物品。雖然，我認為所有的東西都不應該使用，但我還是為她列出了戒除順序。事實上，通常我建議停用的物品，可以在一週內順利解決，甚至是兩、三天內就能戒除。但如果家長希望放慢步調，我也會根據他們的實際狀況進行調整。我告訴這位媽媽，「這麼做可能需要較長的時間，無法預期需要一週還是兩週。」

然而，儘管進行了兩週以上的訓練，這個孩子卻只戒掉一樣物品。在這兩週裡，不是母親沒有努力參與，而是孩子每次在入睡時，只要沒有防側翻枕就會大哭，以至於媽媽不敢拿掉。最終，我們得出了結論：「不如把所有產品全都收進儲藏室吧！」令人驚訝的是，在那漫長的兩個禮拜間，戒不掉的所有東西，孩子這次在短短三天內就成功戒除了，入睡時也不再哭泣。

正如同此例，孩子對睡眠用品的依賴性，並沒有想像中那麼強烈；反而，是父母更容易依賴這些物品。因此，我建議各位父母相信自己的孩子，只要為他們提供一個安全、舒適的睡眠環境，孩子的適應力遠比我們預想的強大。

關於睡眠訓練的問題

Q 白天的睡眠訓練都很順利，晚上的睡眠訓練卻好困難？

即使進行了白天的睡眠訓練，晚上的睡眠訓練也不一定會成功。白天和晚上的睡眠需要分開來看待。因此，上幼兒園的孩子，許多家長只會進行針對晚上和清晨的睡眠訓練，而不進行白天的睡眠訓練。這是因為大腦對白天與夜晚的睡眠會以不同方式區分處理。另外，也有單獨針對白天睡眠進行訓練的選擇。

Q 可以叫醒熟睡中的寶寶嗎？

有時候父母基於各種原因，常常猶豫要不要叫醒白天熟睡的孩子，像是因為自己需要趁機休息，也覺得不忍心叫醒孩子；又或者，因為看孩子睡得太熟、不想吵醒他等等。但請注意，如果白天睡得過多，夜間的睡眠會受到很大的影響。適量的小睡是必要的，但若白天睡得時間太長，晚上就可能會經常醒過來！請務必記住這一點。

叫醒孩子沒有特別的祕訣，直接打開門走進房間，輕輕抱起正在睡覺的孩子。如果這樣做，孩子會哭得很厲害，可以關閉白噪音（如果有開的話），或是拉開窗簾、讓陽光照進來，稍微讓孩子暴露在自然的聲音和光線裡，孩子可能就會自然醒來。

Q 在最後一次餵奶時，如果孩子睡著了，要叫醒他嗎？

如果孩子在最後一次喝奶時睡著了，請一定要叫醒他。雖然這樣直接入睡，看起來很輕鬆，但到了半夜，孩子可能就會頻繁醒來。而且這也會對牙齒健康造成不良影響。因此，這是在六個月之前必須改正的習慣之一。

理想的狀況是，讓孩子把整段的疲憊累積起來，一口氣進入晚上長時間的睡眠模式。若任由孩子在最後一次喝奶時睡著，反而會打亂夜間的睡眠節奏。

孩子是因為疲倦而吃到睡著，或者習慣在吃東西的時候睡著，這都是不好的習慣，務必要改善。那麼，該怎麼做才能讓孩子清醒地喝完最後一餐呢？可以呼喚他的名字、唱歌、撫摸他的臉，並在明亮的地方餵奶，這些做法都能幫助孩子在清醒的狀態下喝完奶。

Q「睡眠儀式」是必要的嗎？

是的！睡眠儀式是非常必要的。如果你對孩子說：「現在是睡覺的時間了，快去睡覺！」對於孩子而言，這屬於毫無預警的突發狀況，他們可能會感到不安而不想配合。因此，透過睡眠儀式來創建可預測的情境很重要，就如同大人對於變化也需要時間去適應一樣，對於變化很敏感的嬰兒更需要時間去適應。所以，我們可以透過幫孩子換尿布、穿睡衣、播放白噪音、關燈等方式，讓孩子逐漸意識到睡覺時間的到來。

實際上，根據喬迪・明德爾（Jodi A. Mindell）等三位作者的研究〈*A Nightly Bedtime Routine: Impact on sleep in young children and Maternal mood*〉（暫譯：每日睡前儀式：對幼兒睡眠與母親情緒的影響）中指出，有睡眠問題的嬰兒，在實施睡眠儀式之後，睡眠問題明顯減少，此外，也能顯著改善媽媽的心理健康。

Q 孩子都一大早就醒來，有辦法可以改善嗎？

寶寶在清晨過早醒來的問題確實讓人困擾，這也是諮詢中最耗時的問題之一。因為要打破孩子早上4、5點就醒來的習慣，並不容易。早醒一般是指夜間睡眠不滿10小時的情況，例如晚上8點入睡，清晨5點半就醒來（只睡了9個半小時）。其原因可分為外部因素和內部因素兩大類。外部因素包括：噪音、光線太亮、尿布濕了、肚子餓等；內部因素包括：不適合孩子的作息安排、白天睡太多、前一晚睡前過度疲勞、太晚入睡等。因為造成這個現象的原因很多，通常需要至少六週的時間才能改善。想要解決這個問題，就必須多方嘗試、確認具體原因，一步一步調整，才能找到對孩子最有效的方法。

Q 每次外出都會打亂作息，該如何調整呢？

我也曾經在成功建立好孩子的睡眠模式後，卻因為外出而打亂作息，感到很大的壓力。所以，我會建議父母在制定外出計畫時，請先想一想孩子平常的睡眠模式，以推估他在外出時可能有的改變。例如，平常白天小睡三次的孩子，如果外出時太累，就很有可能變成睡四次。最重要的是調整好心態！養育孩子的過程中，難免會有外出行程。雖然我不建議在睡眠訓練初期，經常帶孩子外出、外宿或旅行，但一旦建立好基本的睡眠模式，偶爾外出是沒問題的。

另一個重點在於，了解孩子在外面要怎麼樣才能睡得好。例如，他在汽車的安全座椅上睡不著，但在嬰兒車上可以睡著，若是如此，可以在孩子的入睡時間安排推嬰兒車出門的活動。若在嬰兒車和安全座椅上都睡不著，只能使用嬰兒背帶，那麼就安排散步計畫，背起孩子讓他入睡。了解孩子的偏好、習慣非常重要。此外，購買汽車或嬰兒車專用的遮光罩，以遮擋視線和光線，並搭配白噪音機，營造出熟悉的睡眠環境，也是一個不錯的技巧。

其他的睡眠問題

Q 雙胞胎可以在同一個房間裡進行睡眠訓練嗎？

當然可以！在實際進行雙胞胎睡眠諮詢時，遇到很多兩個孩子共用一個房間的狀況。然而，如果其中一位孩子的睡眠問題較嚴重，並且在只有一位照顧者的情況下，我們建議睡眠訓練先從分開房間開始，直到睡眠問題有了一定程度的改善後，再合併房間。要同時訓練兩個孩子時，在沒有足夠外援支應下，先採用分房的做法，對於照顧者而言，會是相對妥善的訓練模式。

Q 我正在懷第二胎，這時候對大寶進行睡眠訓練，會不會造成壓力？

關於這個問題的答案，最需要考量的是媽媽的狀態。如果媽媽的身體狀況良好，要進行睡眠訓練當然沒有問題。不過，在第二個孩子出生前三個月和出生後三個月內，我們建議不要進行睡眠訓練，因為老大也需要適應的時間。由於孩子會本能地知道即將有新成員加入，如果媽媽在產後休養期間（照顧新生兒時），孩子正在接受睡眠訓練，那對他來說可能會特別難熬。進入懷孕中後期，若爸爸可以接手進行睡眠訓練，這麼做就沒問題。當第二個孩子已經三個月大，而老大也在某種程度上接受了家中的新成員時，就可以開始進行睡眠訓練。

Q 我們全家都同房睡，如果生了第二胎，也可以在同一個房間做睡眠訓練嗎？

老大的睡眠狀況很關鍵，如果他已經能夠自己入睡了，就可以開始進行分房睡的訓練；但如果他還沒辦法和父母分房，並習慣和媽媽一起睡的話，則建議老二出生後，讓老二睡在另一個房間，交由爸爸照顧，並在那裡進行睡眠訓練。

在進行睡眠訓練時，有時候孩子會在半夜哭鬧，這時需要等待幾分鐘再去安撫。因此，如果老二和老大睡在同一房間，老大可能會被吵醒。當然，如果父母不介意，讓他們睡在同一個房間也是可以的。但如果擔心老大在半夜被吵醒而無法再次入睡，就建議讓老二在另一個房間進行睡眠訓練。

參考文獻和網站

〈嬰兒入睡：漸進式淡化和睡眠褪色法的有效性〉相關資料
AAFP（https://www.aafp.org/pubs/afp/issues/2016/1101/p750.html）

〈睡眠訓練對幼兒 - 父母依戀產生什麼影響？〉相關資料
Tender Transitions（https://tendertransitionsmn.com/how-does-sleep-training-affect-infant-parent-attachment/）

〈讓嬰兒「哭泣」不會對兒童發展產生負面影響〉的研究結果相關文章
ScienceDaily（https://www.sciencedaily.com/releases/2020/03/200310193305.htm）

〈SIDS 和其他與睡眠相關的嬰兒死亡：安全的嬰兒睡眠環境的 2016 年更新建議〉相關資料
AAP（https://m.site.naver.com/1dh34）

〈嬰兒健康：嬰兒嘔吐的原因〉相關文章
Mayo Clinic（https://m.site.naver.com/1dh1L）

〈嬰兒的初生之日、幾週和幾個月內對母乳餵養可以預期的一些事項〉相關資料
CDC（https://www.cdc.gov/infant-toddler-nutrition/breastfeeding/how-much-and-how-often.html）

〈睡眠中的光暴露損害心臟代謝功能〉相關資料
PNAS（https://www.pnas.org/doi/full/10.1073/pnas.2113290119）

〈奶嘴的危險和好處〉相關資料
AAFP（https://m.site.naver.com/1dh2C）

〈飛躍期〉相關網站
The Wonder Weeks（https://www.thewonderweeks.com/）

台灣廣廈國際出版集團
Taiwan Mansion International Group

國家圖書館出版品預行編目（CIP）資料

這樣做，寶寶輕鬆睡過夜：0~24個月孩子睡得好的祕訣，嬰幼兒睡眠諮詢師讓你跟寶貝天天好眠！ / 金智賢, 金民正著. -- 初版. -- 新北市：台灣廣廈有聲圖書有限公司, 2025.07
272面；14.8×21公分
ISBN 978-986-130-659-9（平裝）
1.CST: 育兒 2.CST: 睡眠

428.4　　114005738

台灣廣廈

這樣做，寶寶輕鬆睡過夜

0~24個月孩子睡得好的祕訣，嬰幼兒睡眠諮詢師讓你跟寶貝天天好眠！
【獨家附贈：嬰幼兒月齡別睡眠養成作息表】

作　　者／金智賢、金民正
譯　　者／陳靖婷
編輯中心總編輯／蔡沐晨・**編輯**／黃緹羚・**特約編輯**／莊堯亭
封面設計／何偉凱・**內頁排版**／菩薩蠻數位文化有限公司
製版・印刷・裝訂／東豪・弼聖 / 紘億・秉成

行企研發中心總監／陳冠蒨
媒體公關組／陳柔彣
綜合業務組／何欣穎
線上學習中心總監／陳冠蒨
企製開發組／張哲剛

發 行 人／江媛珍
法 律 顧 問／第一國際法律事務所 余淑杏律師・北辰著作權事務所 蕭雄淋律師
出　　版／台灣廣廈
發　　行／台灣廣廈有聲圖書有限公司
地址：新北市235中和區中山路二段359巷7號2樓
電話：（886）2-2225-5777・傳真：（886）2-2225-8052

代理印務・全球總經銷／知遠文化事業有限公司
地址：新北市222深坑區北深路三段155巷25號5樓
電話：（886）2-2664-8800・傳真：（886）2-2664-8801
郵 政 劃 撥／劃撥帳號：18836722
劃撥戶名：知遠文化事業有限公司（※單次購書金額未達1000元，請另付70元郵資。）

■出版日期：2025年07月
ISBN：978-986-130-659-9

2022.08.22 出生 12 個月 OOO 的

睡眠養成作息表

使用方法

① 正式開始前先觀察三天，掌握孩子目前的睡眠情況。
請如實記錄孩子起床、白天小睡、晚上就寢等時間。
② 試圖延長小睡的時間，也包含在小睡時間內。
③ 清醒時段：為上次起床到這次入睡的間隔時長。
睡眠時長：從入睡到起床的時間長度。
總睡眠時長：將白天或夜間各次睡眠時長加總的結果。
④ 「筆記」欄位可填寫寶寶睡得狀況等任何觀察到的情況。

	觀察日 1	觀察日 2	觀察日 3	訓練日 1	訓練日 2	訓練日 3	訓練日 4
早上起床時間							
筆記							
☀ 白天第 1 次小睡							
第一次清醒時段							
躺床時間							
睡著時間							
起床時間							
第一次睡眠時長							
筆記							
☀ 白天第 2 次小睡							
第二次清醒時段							
躺床時間							
睡著時間							
起床時間							
第二次睡眠時長							
筆記							
☀ 白天第 3 次小睡							
第三次清醒時段							
躺床時間							
睡著時間							
起床時間							
第三次睡眠時長							
筆記							
☀ 白天第 4 次小睡							
第四次清醒時段							
躺床時間							
睡著時間							
起床時間							
第四次睡眠時長							
筆記							

請沿虛線剪下使用！

	觀察日1	觀察日2	觀察日3	訓練日1	訓練日2	訓練日3	訓練日4
夜間就寢							
就寢前清醒時段							
躺床時間							
睡著時間							
入睡需要時間							
筆記							
夜間睡眠的清醒紀錄							
第一段睡眠時長							
第一次起床時間							
躺床時間							
睡著時間							
第一次清醒時段							
筆記							
第二段睡眠時長							
第二次起床時間							
躺床時間							
睡著時間							
第二次清醒時段							
筆記							
第三段睡眠時長							
第三次起床時間							
躺床時間							
睡著時間							
第三次清醒時段							
筆記							
夜間總睡眠時長							
白天總睡眠時長							
白天＋夜間總睡眠時長							
喝奶行程（時間、分量、副食品）							
喝奶1							
喝奶2							
喝奶3							
喝奶4							
喝奶5							
喝奶6							
喝奶7							
喝奶8							
喝奶9							
喝奶10							

請沿虛線剪下使用！

2022.08.22 出生 12 個月 OOO 的

睡眠養成作息表

使用方法

① 使用方法相同，但已經不需要包含觀察日，表格以「七天」設計，讓家長可以快速檢視寶寶一整週的睡眠狀態。

② 請自行填入天數，記錄孩子每天起床、白天小睡、晚上就寢等時間。睡眠訓練不建議短期執行，每個孩子的狀況不同，請給予耐心的等待。

	Day__	Day__	Day__	Day__	Day__	Day__	Day__
早上起床時間							
筆記							
☀ 白天第 1 次小睡							
第一次清醒時段							
躺床時間							
睡著時間							
起床時間							
第一次睡眠時長							
筆記							
☀ 白天第 2 次小睡							
第二次清醒時段							
躺床時間							
睡著時間							
起床時間							
第二次睡眠時長							
筆記							
☀ 白天第 3 次小睡							
第三次清醒時段							
躺床時間							
睡著時間							
起床時間							
第三次睡眠時長							
筆記							
☀ 白天第 4 次小睡							
第四次清醒時段							
躺床時間							
睡著時間							
起床時間							
第四次睡眠時長							
筆記							

請沿虛線剪下使用！

	Day__	Day__	Day__	Day__	Day__	Day__	Day__
夜間就寢							
就寢前清醒時段							
躺床時間							
睡著時間							
入睡需要時間							
筆記							
夜間睡眠的清醒紀錄							
第一段睡眠時長							
第一次起床時間							
躺床時間							
睡著時間							
第一次清醒時段							
筆記							
第二段睡眠時長							
第二次起床時間							
躺床時間							
睡著時間							
第二次清醒時段							
筆記							
第三段睡眠時長							
第三次起床時間							
躺床時間							
睡著時間							
第三次清醒時段							
筆記							
夜間總睡眠時長							
白天總睡眠時長							
白天＋夜間 總睡眠時長							
喝奶行程（時間、分量、副食品）							
喝奶1							
喝奶2							
喝奶3							
喝奶4							
喝奶5							
喝奶6							
喝奶7							
喝奶8							
喝奶9							
喝奶10							

請沿虛線剪下使用！

2022.08.22出生 12個月 OOO的

睡眠養成作息表

使用方法

① 使用方法相同，但已經不需要包含觀察日，表格以「七天」設計，讓家長可以快速檢視寶寶一整週的睡眠狀態。

② 請自行填入天數，記錄孩子每天起床、白天小睡、晚上就寢等時間。睡眠訓練不建議短期執行，每個孩子的狀況不同，請給予耐心的等待。

	Day__	Day__	Day__	Day__	Day__	Day__	Day__
早上起床時間							
筆記							
☀ 白天第1次小睡							
第一次清醒時段							
躺床時間							
睡著時間							
起床時間							
第一次睡眠時長							
筆記							
☀ 白天第2次小睡							
第二次清醒時段							
躺床時間							
睡著時間							
起床時間							
第二次睡眠時長							
筆記							
☀ 白天第3次小睡							
第三次清醒時段							
躺床時間							
睡著時間							
起床時間							
第三次睡眠時長							
筆記							
☀ 白天第4次小睡							
第四次清醒時段							
躺床時間							
睡著時間							
起床時間							
第四次睡眠時長							
筆記							

請沿虛線剪下使用！

	Day__	Day__	Day__	Day__	Day__	Day__	Day__
夜間就寢							
就寢前清醒時段							
躺床時間							
睡著時間							
入睡需要時間							
筆記							
夜間睡眠的清醒紀錄							
第一段睡眠時長							
第一次起床時間							
躺床時間							
睡著時間							
第一次清醒時段							
筆記							
第二段睡眠時長							
第二次起床時間							
躺床時間							
睡著時間							
第二次清醒時段							
筆記							
第三段睡眠時長							
第三次起床時間							
躺床時間							
睡著時間							
第三次清醒時段							
筆記							
夜間總睡眠時長							
白天總睡眠時長							
白天＋夜間總睡眠時長							
喝奶行程（時間、分量、副食品）							
喝奶1							
喝奶2							
喝奶3							
喝奶4							
喝奶5							
喝奶6							
喝奶7							
喝奶8							
喝奶9							
喝奶10							

請沿虛線剪下使用！